2015

山东黄河三角洲

国家级自然保护区年度监测报告

山东黄河三角洲国家级自然保护区管理局 ■ 编著

中国林业出版社

图书在版编目(CIP)数据

2015山东黄河三角洲国家级自然保护区年度监测报告 / 山东黄河三角洲
国家级自然保护区管理局编著.
-- 北京:中国林业出版社,2016.12
ISBN 978-7-5038-8827-4

Ⅰ. ①2⋯ Ⅱ. ①山⋯ Ⅲ. ①黄河－三角洲－自然保护区－环境监测－研
究报告－山东－2015 Ⅳ.①S759.992.52

中国版本图书馆CIP数据核字(2016)第309769号

中国林业出版社·生态保护出版中心
责任编辑 刘家玲 贺 娜

出版发行 中国林业出版社
(100009 北京西城区德内大街刘海胡同 7 号)
网 址 www.lycb.forestry.gov.cn
电 话 (010) 83143519
印 刷 三河祥达印装有限公司
版 次 2016 年 12 月第 1 版
印 次 2016 年 12 月第 1 次
开 本 889mm×1194mm 1/16
印 张 6.5 彩插 8 面
字 数 200 千字
定 价 60.00 元

2015 山东黄河三角洲
国家级自然保护区年度监测报告

编 委 会

主　任　宋家敬

委　员　吕卷章　崔保山　韩光轩

主　编　吕卷章　朱书玉

副主编　路　峰　许家磊　王天鹏

编撰人员（以姓氏笔划为序）

于海玲	王天鹏	王玉珍	王立冬	王光涛	王安东	王伟华
王学民	牛汝强	车纯广	冯光海	付守强	齐修青	吕卷章
朱书玉	许加美	许家磊	毕正刚	刘　静	李建文	宋建彬
宋振峰	张安峰	张希涛	张树岩	吴立新	杨长志	岳英三
岳修鹏	单　凯	周英锋	郝迎东	赵亚洁	赵珊珊	盖　勇
路　峰	谭海涛					

前言

Contents

　　当前建设生态文明已成为全社会的共识，人们对自然环境尤其是自然保护区的关注度越来越高。黄河三角洲是黄河携带大量泥沙淤积渤海形成的河口三角洲，海河交融，有机质丰富，为东方白鹳、黑嘴鸥、丹顶鹤、白鹤等珍稀濒危鸟类提供了丰富的食物和优良的栖息环境，成为国家生物多样性保护最重要的地区之一。为保护黄河口新生湿地生态系统和珍稀濒危鸟类，1990年成立了山东黄河三角洲自然保护区，1991年晋升为省级，1992年晋升为国家级自然保护区。2010年、2016年被国家林业局授予"中国东方白鹳之乡"和"中国黑嘴鸥之乡"，2013年被湿地国际秘书处列入国际重要湿地名录。

　　近几年来，人们对于湿地，尤其是河口湿地保护、研究的热情日益高涨，迫切需要全面系统地了解黄河三角洲湿地的河流、气候、水文、植被、鸟类等资源与环境状况，但相关的研究较少。为了能够系统地提供第一手科学数据，准确掌握自然保护区本底及变化趋势，及时发现保护管理中存在的问题，及时发现人为和自然因素的干扰和破坏，及时制止破坏自然资源和环境的活动，探索自然规律，找出影响生态的关键因素，自然保护区自建立以来，一直将科学研究和巡护监测作为整个自然保护区各项工作的基础，经过近20多年的不断完善和提高，逐渐建立了一只较为稳定成熟的科研与巡护监测队伍，探索和制定了一套较为科学完整的巡护监测规程。

　　巡护监测工作看似简单，其实是一项十分复杂繁琐的工作，自然资源和环境在不断变化，自然保护区面积广大、地形复杂，湖泊、沼泽、滩涂、海洋危险重重，处处埋藏着危机；潮汐、巨浪、浓雾等极端条件频现，处处考验着巡护监测队员的应对能力；严寒酷暑、蚊虫叮咬，时时刻刻考验着队员的耐心和毅力。监测队员和科研人员克服各种困难和险阻，取得了丰富的第一手科研数据。随着科学技术的发展，监测工具、手段都在不断更新和提高，尤其近几年随着遥感技术和互联网技术的突飞猛进，适应新形势，我们建设了远程视频监控系统，大量运用无人机遥感技术、"3S"技术和卫星跟踪技术等。

　　为将自然保护区巡护监测和科研成果与国内外同行及科研工作者分享，同时也为了深入总结，以提高今后的科研监测和研究水平，我们总结了2015年及以前巡护监测成果，同时联合中国科学院烟台海岸带研究所、北京师范大学、辽宁大学等大专院校和科研机构合作开展了气候、水文、碳汇、湿地恢复机制等方面的研究，并将成果整理编写成《山东黄河三角洲国家级自然保护区巡护监测报告》一书。本书共分为七章，分别为山东黄河三角洲国家级自然保护区监测报告总论、鸟类监测、植物监测、湿地环境监测、湿地渔业资源监测、湿地底栖动物监测以及湿地相关研究。

全书引用了大量监测数据，覆盖面广，并力求科学准确，其中既有自然保护区一线科研人员多年的辛勤汗水，也有大量科研院校师生们科学严谨的研究。

由于时间紧张及编写水平有限，疏漏之处在所难免，敬请各界批评指正。希望本书的出版能够对大家科学认识黄河三角洲湿地有所帮助，同时能够引起更多人研究黄河三角洲湿地的兴趣，引起人们保护自然、探索自然的热情，为保护黄河三角洲湿地生态系统、保护黄河三角洲丰富的生物多样性贡献一份力量！

编委会
2016 年 11 月

目 录
Contents

山东黄河三角洲国家级自然保护区监测报告总论

1.1 山东黄河三角洲国家级自然保护区概况

1.1.1 地理位置

监测研究区域位于黄河三角洲保护区境内 (118° 32.981′~119° 20.450′ E, 37° 34.768′~38° 12.310′ N), 行政区划隶属山东省东营市, 地处黄河三角洲的北部、黄河入海口处, 属于典型的河口三角洲湿地生态系统。生态类型独特, 是东北亚内陆和环西太平洋鸟类迁徙的重要中转站、越冬地和繁殖地。下辖大汶流管理站、黄河口管理站（现行黄河入海口）和一千二管理站（1976 年前黄河入海口）三个管理站。

1.1.2 地形地貌

黄河三角洲地区在地质构造上位属济阳坳陷东部。主要断裂方向有北东、北西和近东西三组, 各组断裂发生、发展和延续时间不同, 互相切错, 形成帚状构造体系, 由于各个块体相对运动, 形成了凸起和凹陷相间排列的格局。在长期地质发展中, 各凹陷和凸起在不断下降或相对抬升, 形成了多种类型的局部构造, 如潜山构造、逆牵引构造、盐丘构造、继承性构造和断鼻或断阶构造。

黄河是自然保护区地貌类型的主要塑造者, 本区的地貌直接受近代黄河三角洲的形成和演变的控制, 形态复杂, 类型较多。陆上地貌形态主要有河成高地、微斜平地、洼地、河口砂嘴等; 潮滩地貌分高潮滩和潮间带, 其地貌形态有贝壳及其碎屑堆积体、河口砂嘴型砂坝、潮水沟系、潮间分流河道及其河口砂嘴等; 潮下带地貌可分为现行黄河口水下三角洲和废弃河口水下崖坡两种。

1.1.3 气候特征

自然保护区属暖温带季风大陆性气候, 四季分明, 光照充足, 雨热同季。春季回暖快, 风大且多, 主导风向为西北风和东南风, 气候干燥, 蒸发量大; 夏季气温高, 降水集中, 气候湿热; 秋季气温骤降, 雨量锐减, 天高气爽, 多为西北风; 冬季雨雪稀少, 寒冷干燥。年均大风（≥ 8 级）21 天, 春季约占 60%; 年均气温 11.9℃, 极端最高气温 39.7℃, 极端最低气温−19.1℃; ≥ 0℃积温 4714.4℃, ≥ 10℃积温 4294.8℃; 无霜期 210 天; 年均降水量 592.2mm, 蒸发量 1962.1mm; 年总日照时数 2781.7 小时, 太阳辐射总量 5364.0MJ/m²。

1.1.4　植物资源

自然保护区共有种子植物 42 科 393 种。其中，野生种子植物 36 科 116 种。国家二级保护野生植物野大豆分布十分广泛。天然苇荡 26513.5hm²，天然草地 12071.9hm²，另有 5570.1hm² 的人工刺槐林。自然保护区以自然植被为主，占植被面积的 91.9%，是中国沿海最大的海滩自然植被区。草本植物以菊科、禾本科、豆科、藜科居多，其代表植物有盐地碱蓬、中亚滨藜、獐毛、狗尾草、白茅、芦苇、茵陈蒿等；木本植物主要为刺槐、旱柳、怪柳；森林覆盖率为 17.4%，植被覆盖率为 55.1%。

1.1.5　动物资源

自然保护区内分布各种野生动物 1627 种，其中，海洋性水生动物 418 种，属国家重点保护的 6 种；淡水鱼类 108 种，属国家重点保护的 1 种；鸟类 368 种，属国家一级保护的有黑鹳、东方白鹳、中华秋沙鸭、玉带海雕、白尾海雕、白肩雕、金雕、白鹤、白头鹤、丹顶鹤、大鸨、遗鸥 12 种，属国家二级保护的有灰鹤、大天鹅、鸳鸯等 51 种。

1.1.6　生态现状

由于黄河淡水注入量大，氮等营养元素和有机质含量丰富，水生植物、浮游生物繁茂，使黄河口湿地成为鱼、虾、蟹、贝类等生殖繁衍的天然场所。为水鸟栖息提供了丰富的食物，是东方白鹳、黑鹳、白鹤、丹顶鹤、白头鹤、灰鹤、大天鹅、鸳鸯和鸻鹬类等候鸟迁徙的最重要停歇地和中转站。保护区是被"东亚—澳洲涉禽保护区网络"和"东北亚鹤类保护区网络"吸纳的首批成员之一。生境类型的斑块状镶嵌和多样的景观也为黑嘴鸥、白额燕鸥、黑翅长脚鹬、反嘴鹬、草鹭等水鸟的繁殖提供了适宜的生境。冬季气温在−5℃左右，丰富的食物资源和优越的自然环境，吸引了大批鸟类越冬，如丹顶鹤、灰鹤和雁鸭等。尤其是 2003 年开始，黄河三角洲自然保护区实施了湿地恢复工程，使河口湿地水域面积比例增加，水质得到明显改善，植被群落呈正向演替，生物多样性不断丰富，至 2010 年自然保护区管理局已有效恢复湿地面积 30 万亩[①]，为东方白鹳、黑嘴鸥、丹顶鹤等鸟类的繁殖、迁徙和越冬创造了更加优越的条件。

1.2　自然保护区管理及巡护监测工作

针对各管理站的实际，设置日常监测样线、样点，共设计巡护监测路线 13 条，大汶流管理站 5 条（湿地恢复区路线、小岛河路线、建林路线、121 路线、96 河道路线）、黄河口管理站 4 条（海堤路线、西河口路线、湿地恢复区路线、林区防火路线）、一千二管理站 4 条（飞雁滩路线、站南农田路线、106 路线、站北湿地恢复区路线）（图 1-1）。一是建立标准样线，在重点监测路线周边资源状况，包括鸟类、植物等，在珍稀濒危鸟类活动频繁区域设置徒步路线，建立标准动物监测路

---

①：1 亩 =1/15hm²，下同。

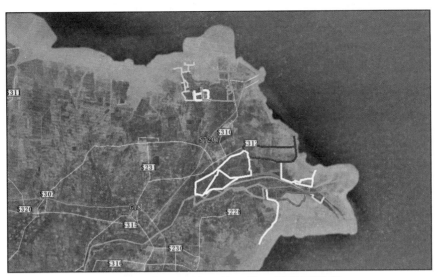

图 1-1　自然保护区管理站巡护监测路线

线 24 条，监测年度鸟类资源状况。二是在鸟类集中分布区，建立标准监测样方，确立样方中心标志点，同一样方确立样方四至范围，采用直数法，记录监测样方范围内所有鸟类种类和数量。全年共调查 315 个工作日，参加调查人员 51 人，共计 15065 个工作日。调查里程达 37 万公里。调查区域涵盖了自然保护区沼泽、森林、草地、滩涂、浅海等各种生境，跨越了春、夏、秋、冬四季。

黄河三角洲自然保护区大面积的浅海、滩涂和沼泽，以及丰富的湿地植被和水生生物资源，为鸟类的繁衍生息、迁徙越冬提供了优良的栖息环境，成为东北亚内陆和环西太平洋鸟类迁徙的重要驿站，是鸟类南迁北移、东西迁徙的重要中转站、越冬地和繁殖地，每年迁徙经过此地的鸟类高达数百万之多。

自然保护区全年鸟类种类和数量都表现出明显的季节性变化，不同种类之间具有一定的差异性；黄河三角洲自然保护区全年鸟类种类和数量不同地区与生境之间也具有一定的差异性。

1.2.1　季节性差异

2 月底春季北迁鸟类开始，最先到达的是凤头䴙䴘、苍鹭、东方白鹳、红脚鹬等，至 4 月北迁达到高峰期，大量的鹬类迁徙至自然保护区滩涂，5 月底迁徙基本结束，大多数夏候鸟进入了繁殖期。每年 5 月至 8 月末，因迁徙鸟类基本都已迁走，繁殖鸟类进入繁殖和育雏期，种群结构稳定，但种类和数量并不多。

8 月种类开始增加，鸟类开始秋季迁徙，到了 11 月，进入了秋季迁徙高峰期，鸟类约 200 余种。12 月仍能观察到尚未迁走的灰鹤、白鹤、燕鸥、鸬鹚等几种水鸟。

12 月底，水鸟基本迁徙完毕，冬季鸟类并不多，且多为猛禽、雁鸭类，如大鵟、毛脚鵟、短耳鸮、斑嘴鸭、绿头鸭、豆雁等。

1.2.2　区域性差异

自然保护区不同生境鸟类的种类各不相同，根据黄河三角洲湿地不同植被类型中鸟类的种类和数量，将鸟类集中分布区域划分为芦苇沼泽区、草甸区、灌丛区、水域区、滩涂区、农田区。

芦苇沼泽区域内，露天沼泽、苇塘、裸地相间分布，人类活动较少，为鸟类栖息、繁殖提供了良好环境。主要分布有金腰燕、云雀、白鹡鸰、芦鹀、黄胸鹀、斑嘴鸭、豆雁、白额燕鸥、黑嘴鸥、苍鹭、环颈雉、黑翅长脚鹬等鸟类。

草甸区植物种类植物种类丰富，面积较大，生态类型多样，人类活动较少，为鸟类提供了良好的栖息地。主要分布有大苇莺、普通燕鸻、小杓鹬、中杓鹬、红脚鹬、扇尾沙锥、普通燕鸥、草鹭、白鹭、白尾鹞、普通鵟、灰背隼、灰鹤、丹顶鹤、鹌鹑等鸟类。

灌丛区域常分布有大面积柽柳，且大面积连片分布，伴生盐地碱蓬、獐毛、芦苇、白茅等。主要分布有家燕、小沙百灵、麻雀、金翅雀、白鹡鸰、黑尾鸥、白腰草鹬、大杜鹃、草鹭、鹌鹑、苍鹰、大鵟、白尾鹞、普通鵟、红隼、游隼、灰背隼等鸟类。

水域区是黄河三角洲湿地内的河流、池塘、水库、鱼池、虾池、盐池等。该区域分布的鸟类主要有灰雁、大天鹅、小天鹅、赤麻鸭、绿翅鸭、罗纹鸭、绿头鸭、赤膀鸭、赤颈鸭、白眉鸭、琵嘴鸭、青头潜鸭、凤头潜鸭、鸳鸯、鹊鸭、斑头秋沙鸭、凤头鸊鷉、草鹭、红腹滨鹬、斑尾塍鹬、黑尾塍鹬、金腰燕等。

滩涂区在黄河三角洲湿地分布面积较大，分布的鸟类主要有蛎鹬、灰斑鸻、蒙古沙鸻、铁嘴沙鸻、中杓鹬、白腰杓鹬、红脚鹬、泽鹬、青脚鹬、小青脚鹬、翘嘴鹬、尖尾滨鹬、黑腹滨鹬、弯嘴滨鹬、阔嘴鹬、金眶鸻、灰鹬、黑尾鸥、海鸥、银鸥、红嘴鸥、黑嘴鸥、鸥嘴噪鸥、普通燕鸥、白额燕鸥等。

农田区是黄河三角洲湿地种植大豆、小麦、水稻的农田生境，周围一般有苇沟存在，在此区域栖息的鸟类主要有云雀、小沙百灵、豆雁、鹌鹑、麻雀、白鹡鸰、灰鹡鸰、大杜鹃、戴胜、凤头麦鸡、灰头麦鸡、普通燕鸻、白尾鹞、鹊鹞、游隼、白头鹤、丹顶鹤、大鵟等。

1.3 开展专题科学研究及科研合作活动

开展自然保护区本底资源调查，与青岛农业大学共同启动自然保护区昆虫调查项目，同山东省淡水渔业研究所、中国科学院等单位合作开展自然保护区鱼类资源进行调查，开展水质、土壤监测。

与北京师范大学、北京林业大学、国家林业局湿地资源监测中心、中国科学院烟台海岸带研究所共同申请建立三角洲联盟黄河三角洲分支，推动黄河三角洲开展科研、保护、管理等方面的合作交流。

先后与山东大学、山东师范大学、中国石油大学、北京林业大学、安徽大学、东北林业大学等院校建立合作关系，作为实验基地为其提供广大的科研平台，利用高校的科研力量开展长期的黄河三角洲湿地土地利用变化、生物多样性保护、鸟类繁殖生物学等多方面研究和监测工作。另外，自然保护区还与国家林业局湿地资源监测中心合作建立长期野外监测基地，与中国农业科学院环境与可持续发展研究所合作建立了"黄河三角洲湿地农业环境科学观测试验站湿地生态监控中心"，长期开展湿地生态监测。

2.1 鸟类巡护监测总报告

调查单位：

山东黄河三角洲国家级自然保护区管理局 *、辽宁大学

调查人员：

朱书玉 *、王伟华、赵亚杰、崔玉亮、张树岩、郝迎东、张学志、王立冬、张希涛、王学民、李东来、黄子强、王青斌

调查时间：

2015 年 1 月 1 日至 12 月 31 日，大汶流管理站全年监测时间为 204 天，黄河口管理站全年监测时间为 187 天，一千二管理站全年监测时间为 198 天。

背景介绍：

截至 2013 年，自然保护区内发现鸟类 19 目 64 科 368 种，占全国鸟类总数 1458 种的 25.2%，主要以旅鸟为主。典型的古北界鸟类有东方白鹳、大天鹅、大䴉、丹顶鹤、灰鹤、大鸨、大杓鹬、小杓鹬等。广布种代表种类有苍鹭、大白鹭、普通翠鸟、大杜鹃等。东洋种大多数为繁殖鸟类，如绿鹭、池鹭、蓝翡翠、白头鹎等。从居留类型来看，有留鸟 45 种、夏候鸟 61 种、冬候鸟 55 种、旅鸟 202 种、迷鸟 5 种（表 2-1）。

表 2-1 黄河三角洲鸟类居留类型统计表

项目类别	留鸟	夏候鸟	冬候鸟	旅鸟	迷鸟	总计
种数	45	61	55	202	5	368
百分比 (%)	12.2	16.6	14.9	54.9	1.4	100

在鸟类中，属国家一级保护的有黑鹳、东方白鹳、中华秋沙鸭、玉带海雕、白尾海雕、白肩雕、金雕、白鹤、白头鹤、丹顶鹤、大鸨、遗鸥 12 种；属国家二级保护的有白枕鹤、灰鹤、大天鹅、鸳鸯、白额雁、黑翅鸢等 51 种。

自然保护区湿地鸟类共有 171 种，占自然保护区鸟类总种数 46.5%。湿地鸟类在种类和数量上都构成了本地区鸟类的主体。在众多水鸟中，鹤类资源尤其突出。世界上鹤类共有 15 种，中国有 9 种，自然保护区内观察到 7 种，有丹顶鹤、白鹤、白头鹤、白枕鹤、灰鹤、蓑羽鹤、沙丘鹤。

调查区域：

2015 年底，调查区域涵盖自然保护区整个范围，主要在巡护监测路线周边，以及珍稀濒危鸟类集中分布区。迁徙季节重点监测湿地恢复区内芦苇沼泽区、滨海滩涂区、水域区等；繁殖季节重点观测湿地恢复区、林区等；越冬季节主要监测湿地恢复区水域、黄河河道、农田等区域（图 2-1）。

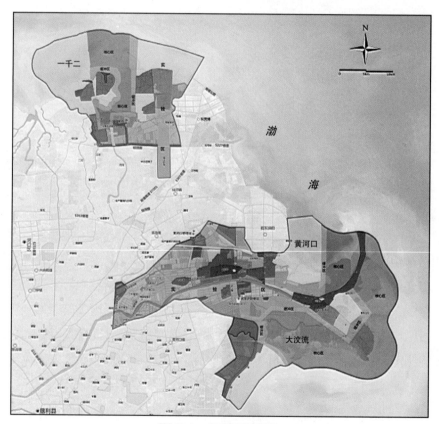

图 2-1 调查区域图

调查方法：

监测分为日常监测和专项监测，针对繁殖期、越冬期、迁徙期和珍稀鸟类进行专项调查，在三个管理站开展同步监测，分成六组，每组 2~3 人，设置 6 条监测路线，沿路线进行调查。针对珍稀濒危鸟类对其可能分布区进行全方面、全覆盖调查。

日常监测主要是对自然保护区内的监测路线每日巡护，记录鸟类种类和数量。

监测人员用 8 倍双筒望远镜和 20~60 倍单筒望远镜进行观察，记录调查路线周边常见的所有鸟类，同时记录 GPS 航迹及点位，及时拍摄鸟类及其所在生境照片，调查中一人负责观鸟、GPS 定点，一人负责记录，一人负责拍照。

调查结果

2.1.1　基本情况

全年调查共记录到鸟类15目45科192种(表2-2)，共3216571只，鹛鹛目3种，占总数的1.56%；鹈形目2种，占总数的1.04%；鹳形目15种，占总数的7.81%；雁形目26种，占总数的13.54%；隼形目13种，占总数的6.77%；鸡形目2种，占总数的1.04%；鹤形目9种，占总数的4.69%；鸻形目52种，占总数的27.08%；鸽形目3种，占总数的1.56%；鹃形目4种，占总数的2.08%；鸮形目3种，占总数的1.56%；佛法僧目2种，占总数的1.04%；戴胜目1种，占总数的0.52%；䴕形目2种，占总数的1.04%；雀形目55种，占总数的28.65%。物种数目最多的是雀形目、鸻形目和雁形目。

表2-2　鸟类目、科、种、居留型统计表

目	科	种数	比例(%)	居留型				
				留鸟	夏候鸟	冬候鸟	旅鸟	迷鸟
鹛鹛目	鹛鹛科	3	1.56	1	1		1	
鹈形目	鹈鹕科	1	0.52				1	
	鸬鹚科	1	0.52				1	
鹳形目	鹮科	1	0.52				1	
	鹭科	12	6.25	2	8	2		
	鹳科	2	1.04		1		1	
雁形目	鸭科	26	13.54	2		12	12	
隼形目	隼科	4	2.08	1			3	
	鹰科	9	4.69	3	1	3	2	
鸡形目	雉科	2	1.04	2				
鹤形目	鹤科	5	2.60			2	3	
	鸨科	1	0.52			1		
	秧鸡科	3	1.56	1	1	1		
鸻形目	燕鸥科	6	3.13		5		1	
	丘鹬科	24	12.50				24	
	反嘴鹬科	2	1.04		2			
	鸻科	7	3.65		2		5	
	鸥科	11	5.73		1	7	1	2
	蛎鹬科	1	0.52		1			
	燕鸻科	1	0.52		1			
鸽形目	鸠鸽科	3	1.56	1			2	
鹃形目	杜鹃科	4	2.08		4			
鸮形目	草鸮科	1	0.52			1		
	鸱鸮科	2	1.04	1		1		
佛法僧目	翠鸟科	2	1.04	1		1		

(续)

目	科	种数	比例(%)	居留型				
				留鸟	夏候鸟	冬候鸟	旅鸟	迷鸟
戴胜目	戴胜科	1	0.52	1				
鴷形目	啄木鸟科	2	1.04	2				
雀形目	椋鸟科	2	1.04	1			1	
	百灵科	6	3.13	3		3		
	鹡科	1	0.52	1				
	伯劳科	6	3.13	1	3	2		
	鹟科	5	2.60			1	4	
	画眉科	1	0.52				1	
	鹟莺科	8	4.17	1	2	1	4	
	鹪鹩科	1	0.52	1				
	卷尾科	1	0.52		1			
	雀科	1	0.52	1				
	山雀科	1	0.52	1				
	鹀科	1	0.52				1	
	鸫科	4	2.08	1		3		
	鸦科	4	2.08	2			2	
	鸦雀科	2	1.04	2				
	岩鹨科	1	0.52			1		
	燕科	2	1.04		2			
	燕雀科	1	0.52	1				
	莺科	7	3.65		3		4	
合计		192	100	34	42	39	75	2

从鸟类居留类型组成上看，自然保护区内留鸟 34 种，占 17.71%；夏候鸟 42 种，占 21.88%；冬候鸟 39 种，占 20.31%；旅鸟 75 种，占 39.06%；迷鸟 2 种，占 1.04%。自然保护区内鸟类从居留型上来看，主要以旅鸟为主。从生态型组成来看，水鸟 107 种，占 55.73%；林鸟 85 种，占 44.27%。

在自然保护区内监测到国家一级保护鸟类 7 种，分别是丹顶鹤、白鹤、白头鹤、东方白鹳、黑鹳、大鸨、遗鸥；二级保护鸟类 26 种，分别为灰鹤、白琵鹭、卷羽鹈鹕、角䴙䴘、大天鹅、小天鹅、疣鼻天鹅、鸳鸯、黑翅鸢、白尾鹞、大鵟、雀鹰、赤腹鹰、松雀鹰、鹊鹞、普通鵟、毛脚鵟、红隼、红脚隼、燕隼、灰背隼、长耳鸮、短耳鸮、东方草鸮、小青脚鹬、小杓鹬。

2.1.2 鸟类多样性的季节变化

2.1.2.1 冬季鸟类组成

黄河三角洲自然保护区的冬候鸟种类较少，主要为雁形目、鹤形目、雀形目和少量的隼形目鸟类。迁徙到黄河三角洲湿地的先后顺序一般为雀形目鸟类、雁形目鸟类、鹤形目鸟类和隼形目鸟类。

越冬期一般为 12 月下旬至次年 2 月上旬，1~2 月，以越冬雁鸭类为主，有少量灰鹤、丹顶鹤；2 月下旬至 3 月中旬，鹤类、鹳类、鸥类、雁鸭类进入迁徙高峰期。2015 年冬季越冬雁形目鸟类 83 万只，鹤形目鸟类 2762 只，雀形目鸟类 1655 只，隼形目鸟类 82 只。越冬鹭类 1250 只，鸥类 5982 只。

从冬季水鸟组成上看，越冬鸟类主要是鸭科，达到 19 种 386702 只，其中，雁属中豆雁 99037 只，占雁类的 88%；鸿雁次之，共 10094 只；灰雁较少，仅为 2232 只 (图 2-2)。其余鸭属、天鹅属、麻鸭属、鸳鸯属等多达 16 种 27 万只，主要是斑嘴鸭和绿头鸭，其次是普通秋沙鸭。其中，斑嘴鸭 13 万只、绿头鸭 11 万只、普通秋沙鸭 1.5 万只 (图 2-3)。越冬鹤类 2762 只，其中，丹顶鹤 75 只、

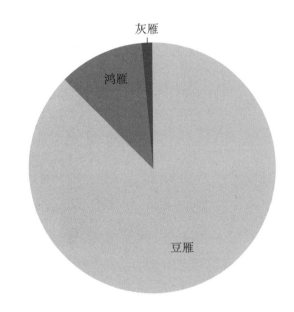

图 2-2 越冬雁类种类和数量

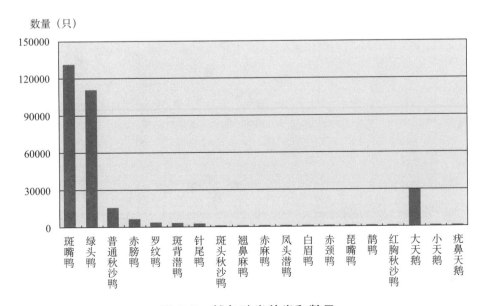

图 2-3 越冬鸭类种类和数量

灰鹤 2650 只、白鹤 5 只、大鸨 32 只（图 2-4），越冬鹤类中主要是灰鹤、丹顶鹤。

雀形目鸟类是较早迁徙到黄河三角洲湿地的种类，8 月中旬小型雀形目鸟类出现，但数量较少，至 10 月中下旬基本迁徙结束。经统计，2015 年，越冬雀形目鸟类主要是喜鹊、麻鹊、灰椋鸟、震旦鸦雀等林鸟（图 2-5）。由于路线巡查受时间影响，巡护监测人员林鸟识别能力有限，自然保护区林鸟的统计工作还有很大的提升空间，包括林鸟种类的监测、数量的统计等工作。

隼形目鸟类种类和数量较少，一般于 11 月下旬迁徙到黄河三角洲湿地，迁徙期较集中，且较短（图 2-6）。越冬鹭类中主要是苍鹭、大白鹭、白鹭，其中苍鹭 949 只、大白鹭 193 只、白鹭 48 只（图 2-7）；越冬鸥类中普通海鸥和西伯利亚银鸥占主要部分，分别是 4849 只和 1019 只（图 2-8）。

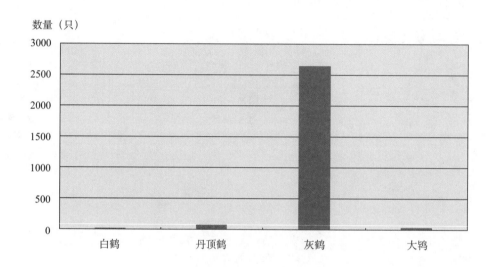

图 2-4　越冬鹤类、大鸨数量

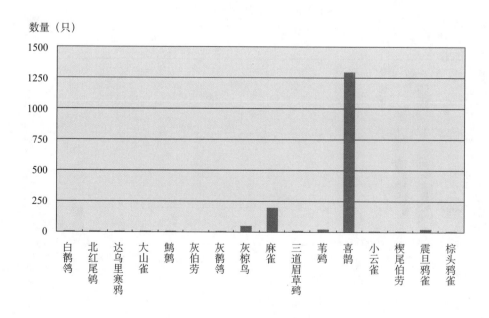

图 2-5　越冬雀形目鸟类

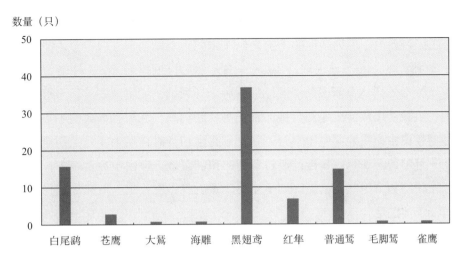

图 2-6　隼形目鸟类种类和数量

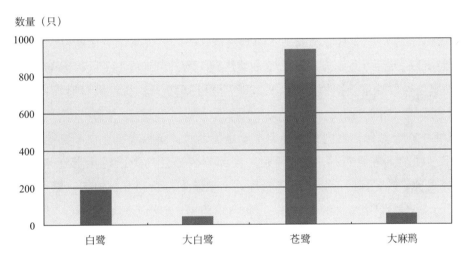

图 2-7　越冬鹭类种类和数量

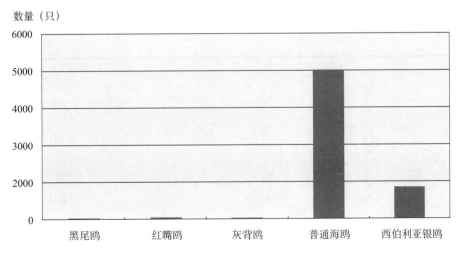

图 2-8　越冬鸥类种类和数量

2.1.2.2　春季迁徙鸟类种类数量

春季最先迁徙到黄河三角洲湿地的鸟类是凤头䴙䴘、苍鹭、东方白鹳等，一般在2月下旬即迁徙到达黄河三角洲湿地，在湿地内取食10天左右，然后再继续迁徙，4月中旬基本迁徙完毕。鸻形目鸟类春季迁徙最先到达黄河三角洲湿地的物种为环颈鸻、尖尾滨鹬等，一般在3月上旬迁到黄河三角洲湿地，最晚迁出黄河三角洲湿地的种类为白腰杓鹬、灰斑鸻等大型鸻形目鸟类，鸻形目鸟类的春季迁徙期较集中，主要集中于3月下旬至5月上旬，高峰期为4月上旬至4月末。隼形目鸟类春季一般在3月中旬至5月中旬迁徙经过黄河三角洲湿地，但由于数量较少，并且各自有一定的活动范围，分布较均匀，因此，其高峰期不明显。黄胸鹀、白头鹀、芦鹀等雀形目鸟类一般在4月迁徙经过黄河三角洲湿地。

2.1.2.3　夏季繁殖鸟类种类数量

4月中旬至7月上旬，黄河三角洲湿地鸟类进入繁殖期。夏候鸟最早迁徙到黄河三角洲湿地的种类为鹭类、鹬类、鸥类。3月初即有苍鹭、普通燕鸥、白额燕鸥等鸟类出现，但数量较少。4月是鸟类迁徙的高峰期，大多数迁徙鸟类开始大规模迁来。

鹳形目鸟类中东方白鹳2月即有成鸟飞回繁殖地，占区、做巢，孵化期自3月初开始，孵化40天，4月初陆续出雏，截至6月东方白鹳繁殖种群达到128只，雏鸟147只；繁殖鹭类中主要是白鹭、苍鹭、夜鹭，繁殖种群数量分别为3000只、2877只和1050只，统计繁育雏鸟白鹭1200只、苍鹭106只、夜鹭450只（图2-9）。

鸻形目鸟类中在自然保护区内繁殖种类主要是黑嘴鸥、鸥嘴噪鸥、白额燕鸥和黑翅长脚鹬、反嘴鹬、环颈鸻、蛎鹬、普通燕鸥，5月开始，大部分鸻形目鸟类已经全部迁来，开始配对繁殖。2015年，黑嘴鸥自3月8日迁徙到一千二管理站，繁殖期持续到6月中旬，繁殖种群5300只，繁育雏鸟2462只；鸥嘴噪鸥繁殖种群3780只，雏鸟1259只；白额燕鸥繁殖种群150只，雏鸟120只；黑翅长脚鹬繁殖种群378只，雏鸟115只（图2-10）。

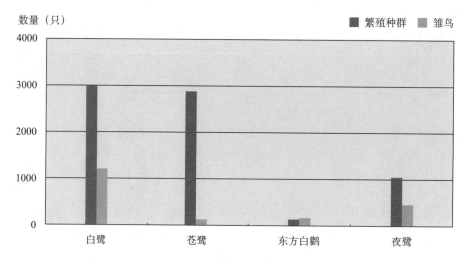

图2-9　繁殖期鹳形目鸟类

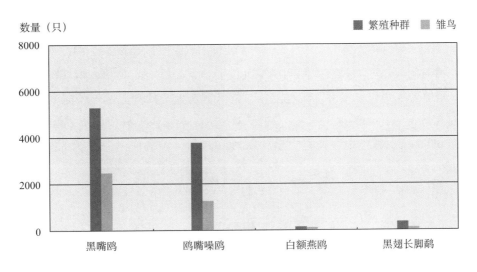

图 2-10　繁殖期鸻形目鸟类

2.1.2.4　秋季迁徙期鸟类种类数量

秋季最先迁徙到黄河三角洲湿地的种类为雀形目、鸻形目鸟类，最晚迁出黄河三角洲湿地的种类为白腰杓鹬、大滨鹬、凤头麦鸡等大中型鸻形目鸟类。

秋季迁徙期监测到雀形目鸟类 20 种，最早迁徙到自然保护区的是家燕和黑卷尾，9 月初迁入自然保护区。雀形目鸟类中家燕、喜鹊、金腰燕数量较高，分别为 511 只、321 只、140 只（图 2-11）。

鸻形目鸟类秋季迁徙期持续时间较长，从 8 月上旬至 11 月下旬约 3 个半月，高峰期为 8 月上旬至 9 月上旬。数量较高的有白腰杓鹬、剑鸻、黑尾塍鹬和中杓鹬，种群数量分别为 8538 只、7150 只、6220 只、5780 只（图 2-12）。

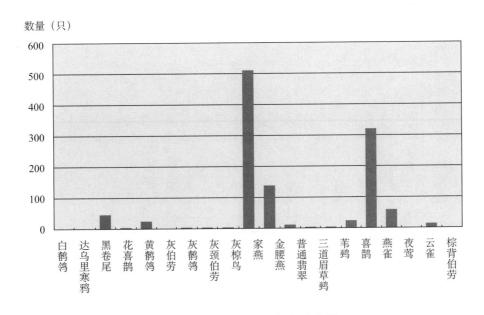

图 2-11　迁徙期雀形目鸟类种类数量

　　雁形目鸟类在10月下旬至12月迁徙经过黄河三角洲湿地，鸭类9月下旬陆续迁入自然保护区，迁徙鸭类以斑嘴鸭、绿头鸭、赤膀鸭为主，种群数量分别为110625只、61534只和43179只。鸭类在湿地内停留时间较长，如果在此期间冷空气侵袭，且持续时间较长，则其在黄河三角洲湿地停留时间较短；如果天气变化不大，气候较温暖，则其在黄河三角洲湿地停留时间较长，有的种群不继续南迁，而在黄河三角洲湿地内越冬。2015年冬季，未南迁种群中琵嘴鸭和针尾鸭居多，分别有12000只和6700只。雁类中主要是豆雁、灰雁和鸿雁，种群数量分别为53081只、24667只和12706只（图2-13）。

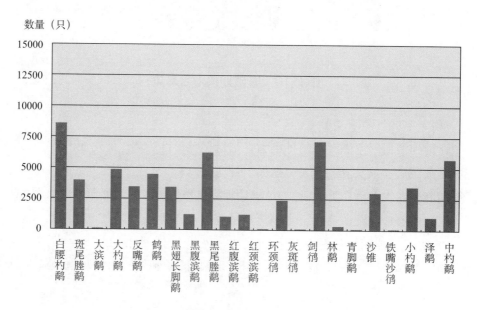

图 2-12　迁徙期鸻形目鸟类种类数量

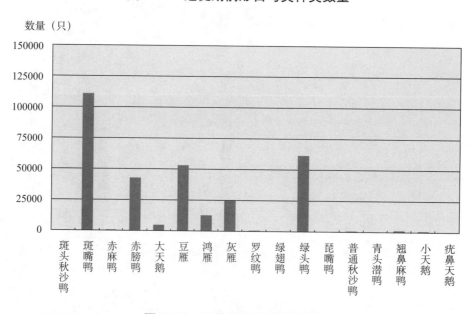

图 2-13　迁徙期鸭类种类数量

鹤形目鸟类在 11～12 月迁徙经过黄河三角洲湿地，并作较长时间的停留，其迁徙后期迁出黄河三角洲湿地的情况与雁形目鸟类相似（图 2-14）。

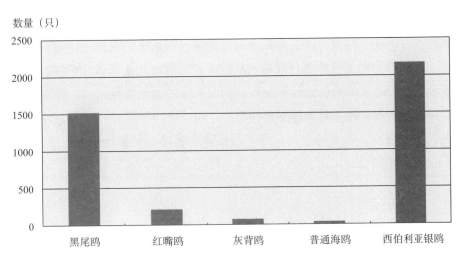

图 2-14　迁徙鹤类种类数量

2.2　越冬鹤类调查

调查单位：
山东黄河三角洲国家级自然保护区管理局
调查人员：
朱书玉、赵亚杰、王伟华、王安东、冯光海、杨宇鹏、张洪山、谭海涛、牛汝强、许加美
调查时间：
2015 年 12 月 22 日至 2016 年 2 月 6 日
背景介绍：
在山东黄河三角洲自然保护区分布的鹤类主要有丹顶鹤、白鹤、白头鹤、白枕鹤、沙丘鹤、灰鹤、蓑羽鹤，迁徙期鹤类数量最多，种类也较全，常见的有丹顶鹤、白鹤、白头鹤、白枕鹤、灰鹤，而常年稳定在自然保护区越冬的鹤类主要是丹顶鹤和灰鹤；蓑羽鹤、沙丘鹤多为迷鸟，混群于灰鹤种群中，进入自然保护区。自然保护区成立之前，为弄清山东鹤类主要栖息地，在野外调查中，记录到 1 只野生蓑羽鹤；而对于沙丘鹤，自然保护区监测人员在 2006 年、2014 年冬季共监测到两次，1 只沙丘鹤混群于灰鹤群中，由于其主要在南方越冬，在黄河三角洲监测到实为罕见。与沙丘鹤不同，白鹤、白头鹤在冬季会有小家庭与灰鹤共同出现在自然保护区，2014 年冬季监测到 5 只白鹤，2015 年冬季监测最大白鹤群达到了 57 只、白头鹤 5 只。

自然保护区自 2006 年启动越冬鹤类系统调查以来，在黄河三角洲地区监测到越冬的丹顶鹤一般维持在 30～60 只，最高数量出现在 2014—2015 年度冬季，数量达 75 只。灰鹤数量在

2000～3000只，黄河三角洲地区是灰鹤相对稳定的越冬地（图2-15，图2-16）。越冬期丹顶鹤白天常以单个或几个家族群小群活动，亚成体有时集群多达十几只。夜间多栖息于人为干扰少、视野开阔、四周环水的浅滩上或苇塘边。灰鹤多集群在农田觅食，或者在黄河内饮水。通过比较近10年的越冬丹顶鹤和灰鹤监测数据，鹤类数量呈现出增加的趋势。

在自然保护区内，越冬鹤类白天主要在农田内觅食，如稻田、麦地等，也有一些丹顶鹤家庭在滨海滩涂取食。夜间丹顶鹤主要栖息在湿地恢复区或者浅海的互花米草分布区，人为干扰少，且不容易到达，安全性较好；灰鹤的夜栖地主要在自然保护区的湿地恢复区内，隐蔽性较好。随着自然保护区对鹤类保护的重视，越冬鹤类种群正在增加，2015—2016年冬季，自然保护区巡护监测人员密切关注越冬鹤类的种类、数量的变化，除了每日监测统计上报外，还进行了3次野外同步调查，

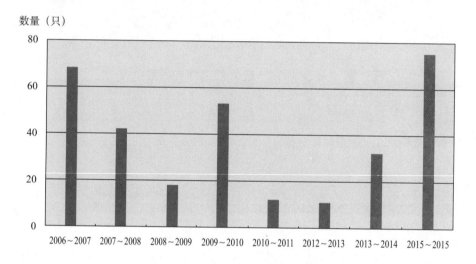

图 2-15　2006—2015 年越冬丹顶鹤种群数量状况

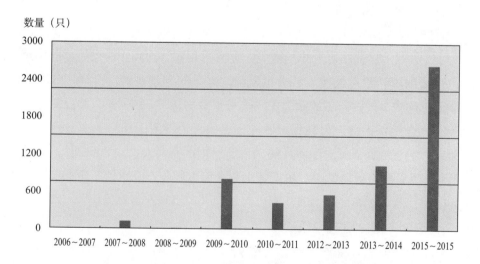

图 2-16　2006—2015 年越冬灰鹤种群数量状况

提供了准确翔实的资料，为越冬鹤类的保护工作奠定了重要的数据基础。

调查方法：

根据鹤类种群数量、食性及分布特征，2015 年 12 月至 2016 年 2 月，自然保护区巡护监测人员组织多次同步调查，对保护区内实验区的农田采用直数法记录越冬鹤类数量。采用固定巡护路线巡护法及重点区域实地踏查方式，调查鹤类越冬数量及栖息地分布状况。借助单筒望远镜 (SWAROVSKI STS 65 HD) 识别种类，双筒望远镜 (Kowa BD 8×42) 统计数量，用 GPS(Garmin Oregon 550) 记录发现鹤类地点。

调查结果：

2.2.1 越冬鹤类种群数量（图 2-17）

2.2.1.1 越冬丹顶鹤数量

2015 年 10 月 27 日，陆续有丹顶鹤迁徙进入自然保护区，最早在一千二管理站监测到 5 只丹顶鹤，进入 11 月后，丹顶鹤主要分布在黄河口和大汶流管理站，其中黄河口管理站稻田和海滩共记录到 23 只丹顶鹤，大汶流管理站监测到 8 只丹顶鹤，主要在湿地恢复区和自然保护区周边农田取食。12 月，在黄河口管理站监测到 34 只丹顶鹤，在大汶流管理站记录到 4 只。2016 年 1 月，监测到 38 只丹顶鹤。进入 2 月，自然保护区内遭受罕见寒潮降温，水域封冻，监测人员在湿地恢复区内监测到丹顶鹤 49 只，人工河丹顶鹤 10 只，滨海滩涂湿地丹顶鹤 78 只，越冬丹顶鹤总数达到最大值 137 只（图 2-18）。

2.2.1.2 越冬灰鹤种群数量

2015 年 10 月 22 日，最早监测到迁徙来到自然保护区的灰鹤，种群数量 58 只，主要在大汶流管理站湿地恢复区隔坝上休息，自此后灰鹤迁徙种群数量逐渐增加，截至 10 月底，共统计 212 只灰鹤。11 月，监测到自然保护区内灰鹤数量为 1845 只。12 月，自然保护区内灰鹤数量为 3630 只，

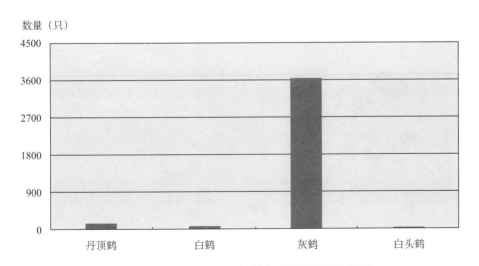

图 2-17 2015—2016 年越冬鹤类种类及数量

主要在稻田和湿地恢复区内觅食。2016 年 1 月，越冬灰鹤种群数量为 2427 只，主要分布在自然保护区管理站辖区及周边农田内。2016 年 2 月监测到越冬灰鹤种群 2811 只（图 2-19）。

2.2.1.3　白鹤越冬种群

2015 年 11 月初，白鹤陆续迁徙到自然保护区，迁徙高峰期白鹤种群数量达到 1523 只，主要在自然保护区湿地恢复区内停歇、觅食，补给能量；12 月，白鹤陆续迁离自然保护区，而暂时停歇的白鹤主要在自然保护区周边的稻田、麦地中取食，夜栖地位于自然保护区湿地恢复区内；冬至以后，在自然保护区稻田内仍能监测到 31 只白鹤；进入 2016 年 1 月后，这群白鹤一直在自然保护区内栖息、觅食，主要分布在大汶流和黄河口管理站，1 月 26 日监测到 57 只白鹤，是越冬期监测到的最大群白鹤。2 月初，在大汶流管理站湿地恢复区监测到 24 只白鹤，直到 2 月 18 日，黄河口管理站巡护监测人员在稻田内再次监测到 33 只白鹤群。这是自然保护区监测到的最大的白鹤越冬种群（图 2-20）。

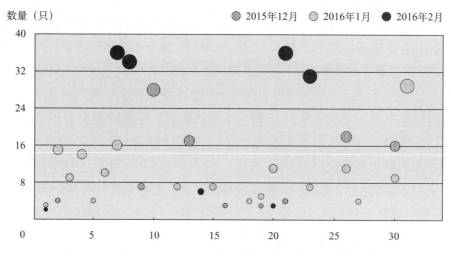

图 2-18　2015—2016 年越冬期丹顶鹤每日种群数量

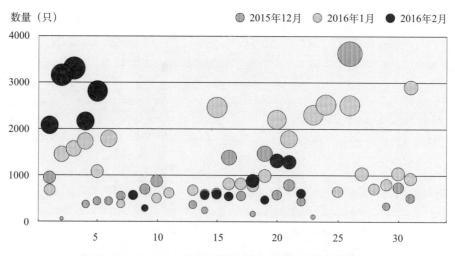

图 2-19　2015—2016 越冬期灰鹤每日种群数量

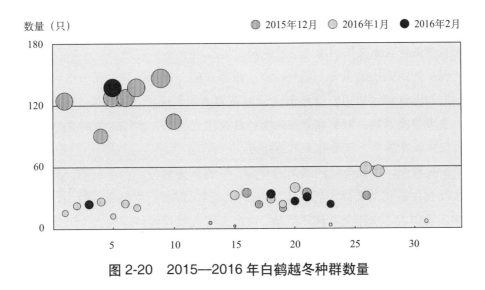

图 2-20　2015—2016 年白鹤越冬种群数量

2.2.2　鹤类越冬活动特点

灰鹤在越冬地大多栖息在水稻、小麦、玉米、大豆等农田中，集群觅食，每群灰鹤数量由数十只到 2000 只不等，在自然保护区内灰鹤成群活动，常见于水稻田中，在大汶流、黄河口管理站表现得较明显，大汶流管理站周边稻田面积约 2.4 万亩，是灰鹤集中觅食区域；黄河口管理站灰鹤分布区位于自然保护区内的实验区，面积约 1900 亩，灰鹤觅食区域距道路的距离通常在 100～1000m，容易受到往来车辆、人员的干扰，灰鹤的觅食群体较大，预警、进食分工配合，这也是为了生存适应环境，长期形成的生态习性。灰鹤饮水主要在黄河内，大群灰鹤常在下午挤在黄河里的沙洲上，边休息边补充水分，时而还会引吭高歌；冬小麦地也有灰鹤分布，在一千二管理站站南农田、黄河 76 年河道西侧冬小麦地里，每年都会有大群灰鹤在此觅食。

与灰鹤相比，丹顶鹤越冬期的食物除了植物性食物，还会摄取鱼、虾、贝类等动物性食物，因此丹顶鹤除了在农田区域觅食外，还会在滨海滩涂、湿地浅水面等地方"开小灶"，以补充足够多的能量。如果遇到特大寒流、冰雪降温、水面全部封冻等恶劣天气，丹顶鹤觅食范围会受到影响，湿地恢复区是其最重要的安全觅食区。丹顶鹤的警惕性较高，一旦人为靠丹顶鹤过近，丹顶鹤家庭就会集体飞走，寻找其他安全区域觅食。丹顶鹤的夜栖地往往会选择在安全性高的湿地，比如湿地恢复区内四周环水的陆地，抑或海边被淤泥沼泽环绕的米草滩，也会在有管理站把守的滩涂湿地过夜。

2.2.3　越冬鹤类的保护举措

（1）扩大鹤类栖息地面积，改善栖息地质量

增加自然保护区内农田的面积，尤其是玉米、水稻、小麦等农作物的面积，重点在大汶流管理站西侧沿黄河区域，倡导粮食作物生产，增加自然保护区周边粮食种植有效面积。在自然保护区内实施湿地关键物种（丹顶鹤）栖息地营造、优化工程，不断恢复其栖息地面积，引蓄黄河水，及时补给水分，丰富其动物性食物来源，保证越冬期鹤类对浅水湿地的需要；实施鸟类补食区工程，针对越冬鸟类缺少冬小麦和大豆等植物性食物的现状，有计划地实施补食区 4200 亩，为鸟类安全越

冬提供食物保障。

（2）扩大日常巡护监测范围，增大巡护频度

针对自然保护区内鹤类的觅食、栖息特点，设置灰鹤、丹顶鹤越冬季节专项巡护监测路线，加强巡护监测，在自然保护区周边农田分布区 3km 范围内加大巡护；遇严寒、冰雪等恶劣天气，鹤类取食艰难期，更要提高警惕，对重点分布区实行日夜轮班巡查，做好越冬鹤类的安保工作。

（3）开展宣传教育活动，严厉打击不法行为

在日常巡护过程中，加强与社区居民的交流，发放宣传材料，普及鸟类、湿地知识，以及自然保护区、野生动物保护相关法律法规。针对违法捕、猎、毒害野生鸟类等行为，开展"春雷行动"，打击自然保护区及周边非法猎捕及破坏活动；加强入区人员管理，减少人为干扰，对进出自然保护区的车辆进行严格检查，严厉打击违法捕猎鸟类、鱼类行为，创建安全人为环境，为鹤类安全越冬创造条件。

2.3 越冬大鸨调查

调查单位：

山东黄河三角洲国家级自然保护区管理局

调查人员：

赵亚杰、朱书玉、王伟华、王安东、张树岩、张希涛、毕正刚、付守强、冯光海、张洪山

调查时间：

2015 年 1 月 10 日至 3 月 16 日

背景介绍：

大鸨隶属于鹤形目鸨科鸨属，世界上最大的飞行鸟类之一，雄鸟体长 105cm，重 5800～18000g；雌鸟体长 75cm，重 3300～5300g。在世界上，大鸨被划分为指名亚种和普通亚种两个亚种。据统计，2010 年大鸨在全球范围内数量估计在 43900～53100 只之间；2012 年，大鸨列入《世界自然保护联盟》濒危物种红色名录，种群状态为低危，大鸨是我国一级保护鸟类。大鸨指名亚种在中国数量约 1000 只，主要分布于新疆天山、喀什与吐鲁番；普通亚种 1000 只，繁殖于内蒙古东部及黑龙江，越冬于甘肃至山东。

1993—1995 年，大鸨在山东黄河三角洲国家级自然保护区越冬总数量达到 500～600 只，主要分布于一千二管理站以南农田区，这一区的最大群曾达到 324 只。1997—2009 年，自然保护区工作人员连续 9 年在区内发现大鸨，数量分别为 135 只（1997 年）、14 只（1999 年）、8 只（2001 年）、21 只（2002 年）、41 只（2006 年）、9 只（2009 年），大鸨数量呈降低趋势；2010—2013 年，自然保护区内几乎未见到大鸨的分布；而于 2014 年，自然保护区工作人员在黄河北岸麦田重新监测到 3 只大鸨，位于六村窝棚附近；2015 年 1 月在黄河南岸发现 2 只大鸨。2015 年 2 月，保护区的巡护人员又一次在野外发现大鸨踪迹，同日内分别在玉米地及小麦地累计观测到 30 只大鸨，时隔 5 年又一次记录到小群大鸨觅食场景（图 2-21）。

图 2-21　自然保护区内大鸨分布图

大鸨越冬栖息觅食地正在萎缩，由于生境不断的破碎化、斑块化，大鸨的觅食生境与人类的活动区域越来越近，野生大鸨的种群数量面临威胁。本文将分析讨论自然保护区实验区内大鸨的种群数量、野外生境状况及人为活动干扰情况，为开展大鸨保护提供参考。

调查方法：

根据大鸨的食性及分布特征，对保护区内实验区的农田采用直数法记录大鸨数量。采用固定巡护路线巡护法及重点区域实地踏查方式，调查大鸨越冬数量及栖息地分布状况。借助单筒望远镜 (SWAROVSKI STS 65 HD) 识别种类，双筒望远镜 (Kowa BD 8×42) 统计数量，测距仪 (图柏斯激光测距仪 TruPulse 200) 观测大鸨的觅食地与人类活动区域、道路的距离，用 GPS(Garmin Oregon 550) 记录发现大鸨地点。

调查结果：

2.3.1　大鸨越冬时间

2015 年 1 月 10 日，自然保护区巡护监测人员在开展鹤类越冬专项调查过程中，在大汶流管理站西侧农田发现 2 只大鸨，正在稻田中觅食，这是 2014 年冬季大鸨到达保护区的时间，此后各管理站的巡护监测人员加强了对越冬大鸨的调查。2 月 2 日，大鸨迁入自然保护区的数量达到高峰值，即在黄河口管理站六号路检查站西北侧玉米地记录 1 只，同日在黄河北岸麦田记录到 29 只大鸨。3 月 3 日大鸨迁出自然保护区，返回繁殖地。

2.3.2　大鸨越冬活动特点

大鸨在越冬地大多栖息在茅草、狗尾草、低矮芦苇等植物中，集群觅食，每群大鸨大概有14～29只不等，在自然保护区内大鸨成群活动，在豆地监测到14只大鸨，在冬小麦地监测到16只和29只大鸨群，且大鸨取食地点相对固定，在早晨和傍晚较常见，阴雨天气时也能在麦地里发现一群大鸨觅食（图2-22）；大鸨单独觅食的较少，但在保护区黄河北岸，发现一只大鸨雌鸟（图2-23，彩图见文后彩插），始终独立栖息、觅食，在六号路检查站北的玉米地中取食，主要以农田中遗留玉米粒、野草根、蝗虫、甲虫及其尸体为主要食物来源，四块玉米地面积为20.09hm²，每两块玉米地之间有5～7m宽的芦苇分布，为大鸨提供了隐蔽物和栖息地。

图2-22　29只大鸨在小麦地中取食

图2-23　在玉米地觅食的一只大鸨

2.3.3　大鸨越冬觅食地

在保护区内，大鸨主要分布于农田、冬小麦、玉米、大豆地、撂荒地，主要分布在保护区的西侧，大鸨主要食物是冬小麦嫩茎嫩叶、大豆、玉米等。在麦地东侧、北侧是棉花田，南侧是树林，紧临树林的是黄河，这片区域距离水源较近，且附近也有足够的掩体，是大鸨觅食、饮水的良好场所。在玉米地单独觅食的一只大鸨的生境也较为隐蔽，每片玉米地的面积平均为5.02hm²，两片玉米地间分布有芦苇，为大鸨提供了合适的遮蔽物，且距离玉米地739.08m处是保护区的六号路检查站，检查站每日有2～3人24小时值班，每日到玉米地附近巡查，确保了大鸨的安全。

2.3.4　觅食地分布及状况

大鸨在保护区的觅食地分为四个主要区域（118°44'40.93"～118°54'42.88"E，37°44'33.65"～37°51'20.01"N），其中绝大部分区域位于保护区实验区确权土地范围外的农田，由于保护区周边农业、畜牧业的不断发展，经济作物种植面积、种植树苗地块增加，且放牧牛、羊的数量也呈逐年递增取食，对大鸨觅食地及越冬安全也构成潜在的威胁。

2.3.5　大鸨的主要威胁因素

（1）越冬栖息地面积减少及质量下降

保护区内黄河两岸农田粮食作物种植面积逐年减少，尤其是黄河南岸，棉花是主要作物，其次是玉米和冬小麦，水稻的种植面积相对较低。黄河北岸棉田的种植面积也增加，树苗栽种面积增加，主要有柳树苗、速生杨树苗等。农田中由于放牧、村民修筑水渠的需要，田地被牛、羊踩踏，也有大面积的稻田被人为开挖的水渠分割成小块的农田，这些都不利于大鸨觅食地选择。

（2）过度放牧、道路修筑等造成栖息地破碎化

保护区周边放牧活动较频繁，在大鸨集中觅食麦地附近有2户牧牛农户和6户牧羊农户，牛的数量在40～150头/户，羊的数量在100～300只/户，放牧对大鸨构成一定惊扰；另外，大鸨两块主要觅食区域中间相隔一条公路，路西侧分布麦田，路东侧主要是稻田、豆地，大鸨取食地呈分散分布，且农田距离公路较近，在78.3～347.0m之间，对大鸨安全不利。

（3）非法猎捕、毒害鸟类的不法分子的威胁

保护区周边存在投毒、捕杀野生鸟类的犯罪团伙。在黄河口管理站西侧的孤岛镇及黄河南岸的黄河口镇，存在野生鸟类贩卖市场，能看到国家保护的"三有动物"，如雉鸡、草兔等野生动物明码标价被贩卖。不法分子受利益驱使铤而走险，在保护区及周边实施违法犯罪行为，对保护区内野生动物构成极大的潜在危害。

2.3.6　保护大鸨的具体措施

（1）扩大和恢复大鸨越冬栖息地面积，改善栖息地质量

扩充保护区对大鸨的保护范围；限制黄河两岸农田区域建房，控制冬季至早春保护区农田区域农户数量；增加保护区周边粮食有效面积。重点恢复一千二管理站站南农田，大汶流管理站东恢复农田种植，如水稻、冬小麦、大豆。

在保护区内试行湿地生态补偿政策，在核心区、缓冲区保护生态环境的行为进行补偿，在实验区内对当地农户进行宣传，普及国家湿地生态效益补偿政策，引导当地居民种植小麦、水稻、玉米等粮食作物，对种植农作物的农户进行补偿，试行价为10元/亩，禁止使用拌种剂、喷洒农药、除草剂等有毒有害物质，对进入农田区觅食的鸟类要保护，避免人鸟争食、人鸟争地现象的发生，由于鸟类觅食、栖息造成的农户的损失，根据"谁受损，补偿谁"的原则进行经济补偿，鼓励农民种植粮食作物。对保护区确权内土地，鼓励承包户大面积种植小麦、大豆、水稻，可以通过减租或者补贴的方式加以引导。

（2）减少人为干扰、破坏，打击狩猎、投毒等行为

保护区确权内的土地部分租给外地种植户，入冬后，种粮户基本没有农作任务，管理站的执法股及社区协调股的工作人员，要及时对种植户进行登记，并按时清出农闲时节的承包户，保证区内

没有闲散人员出入。

在每年冬季越冬期，联合保护区内森林公安联合执法，加强监测和违法惩治力度，定期对保护区周边农贸市场进行清理整顿，取缔野生动物交易市场。禁止狩猎、投毒等行为，依法严惩狩猎行为。

针对自然保护区内大鸨的觅食、栖息特点，设置大鸨越冬季节专项巡护监测路线，加强巡护监测，了解在保护区内越冬大鸨种类、数量、性别比例及年龄结构，加强日常巡护监测，保证大鸨安全越冬迁徙。

（3）对大鸨的越冬栖息地进行深入系统研究

采用路线巡护法对大鸨的觅食地、栖息地进行调查，包括栖息地状况调查，植被类型、水源状况；人为干扰情况调查，观测越冬大鸨觅食地距离道路、村庄的最近距离、人为干扰活动及强度；食物状况，由于大鸨在越冬期主要取食植物性食物；夜栖地选择，以这些作物为物种指标，测定研究区域内其生长情况。以此全方面了解大鸨的微生境状况。

（4）加强宣传教育

在保护区内尤其是确权土地范围外发放爱鸟、护鸟宣传材料，在村庄明显位置张贴宣传图画，正面教育材料，同时也要以漫画形式向村民普及保护鸟类的相关法律法规，违反自然保护区、野生动物保护法规条例犯罪行为，动员保护区周边居民共同加入到保护湿地鸟类行列。

2014年以前，自然保护区内越冬大鸨的调查由于缺少实地踏查路线，对农田内的大鸨调查不够及时，造成对自然保护区内大鸨迁徙时间的掌握缺少详细记录，因此，在自然保护区未来的巡护监测工作中，需加入越冬鹤形目鸟类的调查，包括大鸨、丹顶鹤、灰鹤等，详细了解、记录大鸨的越冬时间，开展大鸨越冬专项调查，设计巡护监测徒步路线(图2-24)，详细踏查大鸨集中分布

图2-24 越冬大鸨调查徒步路线（上图白色方框内为2014年冬季大鸨集中分布区，下图白色路线为设计的冬季巡护监测徒步路线）

区域，进一步详细了解大鸨越冬生态习性。

2.4　迁徙鹤类调查

调查单位：

山东黄河三角洲国家级自然保护区管理局

调查人员：

赵亚杰、朱书玉、王伟华、王学民、许加美、冯光海、杨宇鹏、张树岩、毕正刚、谭海涛

调查时间：

2015 年 10 月 30 日至 11 月 16 日

背景介绍：

世界上有 15 种鹤，中国有 9 种，而自然保护区就分布 7 种，分别是白鹤、白头鹤、丹顶鹤、白枕鹤、蓑羽鹤、沙丘鹤、灰鹤。在自然保护区内，通常在 11 月初开始有少量的鹤形目鸟类迁徙到黄河三角洲湿地，11 月上中旬大量的鹤形目鸟类迁徙到黄河三角洲湿地，其迁徙期的长短受气候因素的影响较大。

调查区域：

在自然保护区内及周边的滨海滩涂、农田进行了调查，北起滨州市套儿河口，南至潍坊市胶莱河。在自然保护区内进行全面调查，侧重河口滩涂、湿地恢复区、稻地等农田（图 2-25）。

调查结果：

在自然保护区内统计的鹤类共 5 种，分别为白鹤（1523只）、白头鹤（208只）、丹顶鹤（33 只）、白枕鹤（45 只）、灰鹤（1632 只）。主要分布在自然保护区湿地恢复区及农田内，2015 年白鹤、白头鹤迁徙种群是在山东黄河三角洲国家级自然保护区内监测到的最大种群，自然保护区通过大力实施湿地恢复工程，改善和优化

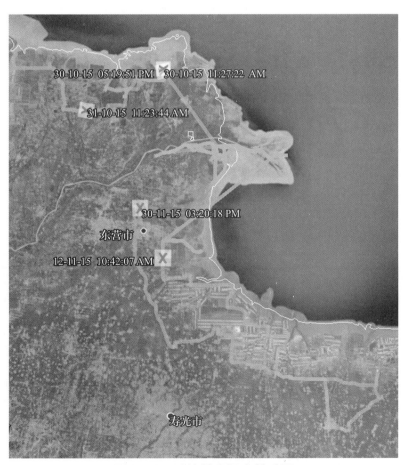

图 2-25　迁徙鹤类调查航迹图

鸟类栖息地，实施生态补水，调控不同恢复区水位，加强巡护监测，杜绝人为干扰。自然保护区的环境越来越适合珍稀候鸟停歇，湿地恢复区域鸟类保护工程及减少人为干扰的管理措施效果显著。巡护监测及科研人员将持续关注白鹤种群的变化，加强对重点区域的巡护，确保候鸟顺利完成迁徙。

2.4.1 北部调查

2.4.1.1 一千二管理站所辖保护区

10月30日上午对一千二管理站所辖湿地恢复区及飞雁滩滨海湿地进行了调查。由于2015年秋季降雨量较多，湿地恢复区内（38°4'2.35"N，118°44'25.85"E）水量丰沛，有大量的东方白鹳、鸬鹚类、雁鸭类水鸟在水面上觅食。监测到东方白鹳35只、普通鸬鹚32只、骨顶鸡6只、苍鹭41只、大白鹭2只、斑嘴鸭50只、西伯利亚银鸥60只、翘鼻麻鸭20只、小䴙䴘9只、大天鹅10只、凤头䴙䴘2只、反嘴鹬200只、赤麻鸭8只（图2-26，彩图见文后彩插）。

沿恢复区北坝向西北往飞雁滩方向（38°5'44.52"N，118°41'58.93"E），调查人员监测到2只飞行的黑鹳，体色鲜亮，状态较好，主要栖息在路东的滩涂区（图2-27，彩图见文后彩插）。路侧的水沟中鱼类丰富，且西侧分布的柽柳是其很好的掩体，为其迁徙期稳定安全的捕食场所。

在站北湿地恢复区东侧（38°4'4.97"N，118°46'17.89"E），监测到2只丹顶鹤，正在觅食，健康状态良好（图2-28，彩图见文后彩插），灰鹤共计110只，在距离丹顶鹤50m远的滩涂上休息、觅食。

图2-26　一千二管理站湿地恢复区内的鸟类

图2-27　两只黑鹳　　　　　　　　图2-28　觅食的丹顶鹤

图 2-29 盐地碱蓬恢复区

此处主要植被为盐地碱蓬和柽柳，充裕的水分提供给鸟类丰富的鱼类和底栖生物，且此处距离管理站 2.5km，便于管理站人员保护迁徙鹤类；且认为干扰较少，适宜鹤类觅食、栖息。

飞雁滩区域（38°6'42.87"N，118°41'38.49"E）监测到的鸟类较少，此处是一千二管理站开展盐地碱蓬恢复试验区，地势较高区域盐地碱蓬长势良好，平均高度 20cm，盖度 25%，每平方米样方内多度为 53 株（图 2-29，彩图见文后彩插）。

2.4.1.2 沾化苇场

沿桩埕路向西进行调查，在路侧监测到 2 只普通海鸥、1 只小白鹭。到达沾化苇场（37°56'50.51"N，118°34'5.34"E）监测到 1 只飞行的猛禽，沾化苇场的芦苇较密集，且水分较少，几乎没有水鸟分布。通过走访周围的油田工人得知，此处冬季，芦苇收割以后在北侧有鹤类分布。因此计划在 2016 年 1 月再次对此地进行调查，统计越冬鹤类的种类及数量。

2.4.1.3 刁口渔港

刁口渔港周边的滩涂（38°2'38.86"N，118°34'41.66"E）主要的鸟类有西伯利亚银鸥（50 只）、普通鸬鹚（200 只），此处滩涂盐地碱蓬长势较好。监测到普通鸬鹚 730 只、西伯利亚银鸥 300 只、豆雁 500 只，近处海滩分布主要植被是盐地碱蓬，像一条红地毯，铺满整个滩涂；远处的海面，透过相机监测到大片的互花米草（图 2-30，彩图见文后彩插）。

2.4.1.4 潮河口

在潮河口附近观测到中杓鹬（8 只）、赤麻鸭（8 只）、普通鸬鹚（1 只）、反嘴鹬（140 只）、翘鼻麻鸭（51 只）、红嘴鸥（1 只）、苍鹭（4 只），由于通往潮河口的路被施工的土堆挡住，没有到潮河口滩涂（图 2-31，彩图见文后彩插）。

图 2-30 刀口渔港栖息的鸥类

图 2-31 潮河口的鸟类

2.4.1.5 套儿河口

套儿河口周边的滩涂受人为开垦、基建占用的影响严重，大片滩涂被蚕食，现状为养殖池。未发现鹤类，主要鸟类有红嘴鸥、翘鼻麻鸭、普通鸬鹚等水鸟（图 2-32，彩图见文后彩插）。

调查的北部区域，珍稀鸟类多集中在自然保护区内，区外河口由于围垦和基建占用，造成天然滩涂湿地受到干扰和破坏，鲜有鹤类停歇、觅食，大部分为鸬鹚、红嘴鸥、西伯利亚银鸥等鸟类。

2.4.2 南部调查

2.4.2.1 广利河

在东八路以东的广利河沿岸（37°23'14.46"N，118°52'9.47"E），发现黑尾塍鹬 60 多只，同时还有反嘴鹬、红嘴鸥、赤膀鸭、普通秋沙鸭、黑翅鸢、苍鹭、鸬鹚等，河道人为干扰较少。在 4 号闸

图 2-32　套儿河口觅食的鸟类

附近河滩有大米草出现，且长势良好（图 2-33，彩图见文后彩插）。在河流入海口的广利港区域，由于人为活动较多，且河滩及周围被开发，鸟类较少，只在河堤边的养殖池里有零星鸟类分布，发现几十只的普通秋沙鸭，但沿途未发现鹤类。

2.4.2.2　广南水库

由于广南水库 (37°24'41.57"N，118°48'26.39"E) 水面大，不适宜鹤类停留觅食，且已开发成旅游景区，因此，只在南二路边观测发现了骨顶鸡、小䴘䴘、苍鹭、白鹭等鸟类，未发现鹤类。

2.4.2.3　小清河

在小清河下游北岸 (37°16'56.04"N，118°47'14.14"E) 除有少量农田种植棉花等农作物外，大部分均已被开发为盐池，盐池内鸟类稀少，偶见苍鹭、红嘴鸥等觅食。另有油田设施零星分布周围。

图 2-33　大米草

河道内芦苇长势良好，基本无裸地，水面偶尔有常见骨顶鸡、小䴙䴘等鸟类觅食。在羊口镇对面的小清河北岸堤坝上偶可见白刺多株，长势良好（图2-34，彩图见文后彩插）。

2.4.2.4 弥河

在羊口镇东南海堤的弥河大桥附近海岸 (37°16'3.99"N，119°0'5.30"E)，大米草生长繁盛，近海滩有多种鸟类聚集觅食，包括：小天鹅62只，其中亚成体占1/3；针尾鸭8只，另有大杓鹬、针尾鸭、红嘴鸥、普通海鸥等觅食（图2-35，彩图见文后彩插）。经过弥河，沿海滩涂密布大量盐池纵横交错，其中鸟类较少，只有少数鸥类，可能盐度偏高。在潍河流域 (36°50'24.83"N，119°25'30.15"E) 附近发现了1只东方白鹳，还有大白鹭、白鹭、苍鹭等鸟类。

2.4.2.5 新弥河、白浪河

新弥河道 (37°5'29.33"N，119°2'43.83"E) 水多鸟少，附近密布大量盐池。白浪河入海口处有坝拦截，附近水域有鸥类觅食，盐池密布，未见鸟类（图2-36）。

2.4.2.6 潍河

潍河河道 (36°50'24.83"N，119°25'30.15"E) 基本无水，杂草丛生。在潍河大桥处河道内，因上游水库放水，有几处水洼，可见东方白鹳1只、苍鹭6只、白鹭7只、大白鹭2只觅食。两岸均为苗木基地和公园，林鸟不少（图2-37）。

图2-34 白刺

图2-35 弥河附近海岸的小天鹅与针尾鸭

图 2-36　白浪河

图 2-37　潍河

2.4.2.7　胶莱河

自卜庄镇的胶莱河堤坝开始调查，其间可见骨顶鸡、小鷿鷈、海鸥等觅食，偶见白鹭、苍鹭。两岸农田为玉米地或新翻耕地，可见喜鹊、麻雀等鸟类，未见鹤类。胶莱河下游 (37°0'9.81"N，119°35'33.37"E) 河道内未发现鸟类（图 2-38）。

通过调查，自然保护区周边北部沿河滩涂及农田区域没有鹤类分布，南部滨海河口滩涂区域鹤类适宜生境较少，未发现迁徙鹤类停歇。

图 2-38　胶莱河

2.4.3　中部调查

2.4.3.1　黄河口管理站

在保护区黄河口管理站，白枕鹤主要分布在人工河附近，数量为 36 只，人工河全长 8km，垂直于现行黄河河道，主要受潮水影响，水位适合涉禽觅食，且河内鱼类资源丰富，是迁徙鹤类偏爱的觅食区；丹顶鹤在垦东 55 区块滩涂区和苏家屋子顺河路北稻田觅食，数量为 23 只，垦东 55 区块滩涂区域较开阔，有低矮的盐地碱蓬植物分布，在潮间带底栖生物较多，每年都有迁徙鸟类在此处补给，而且在冬季有越冬的赤麻鸭、鹤类在此取食；苏家屋子附近稻田是秋、冬季节丹顶鹤、灰鹤的主要觅食地，稻田中的麦粒、土壤动物等都是它们越冬食物的来源。目前在黄河口管理站监测到的灰鹤有135只，主要分布在滩涂和稻田。

2.4.3.2　大汶流管理站

自2015年10月中旬至2015年12月23日，山东黄河三角洲国家级自然保护区迁徙白鹤种群数量达到1523只，实现历史性突破。10月22日，首批白鹤迁入自然保护区，主要在大汶流管理站十万亩湿地恢复区停歇觅食，此后陆续监测到263只迁徙白鹤；11月1日，保护区科研人员在五万亩湿地恢复区内发现刚迁入保护区的1260只白鹤，标志着白鹤迁徙进入了高峰期（图2-39，彩图见文后彩插）。

图2-39　湿地恢复区内栖息的白鹤、灰雁

自然保护区迁徙白头鹤种群数量达到208只。10月31日，保护区工作人员在十万亩湿地恢复区监测到15只白头鹤，这是迁徙期监测到的首批白头鹤种群；11月1日，又监测到113只白头鹤迁徙至保护区湿地恢复区内，主要在十万亩内觅食，这是保护区有史以来记录的白头鹤的最大种群。11月18日，在黄河故道东岸低矮的芦苇湿地内监测到80只白头鹤，目前迁徙白鹤总数已经达到208只，这是迄今为止自然保护区发现的最大数量的迁徙白头鹤（图2-40，彩图见文后彩插）。

随着自然保护区湿地保护工程的实施、环境的优化，迁徙鹤类的数量显著增加，自然保护区已成为珍稀候鸟的乐园。保护好现有的湿地资源，发掘湿地沼泽更大的价值，为越来越多的迁徙、繁殖、越冬鸟类提供丰富的食物来源和广阔的生境。

图 2-40　白鹤、白头鹤

2.5　繁殖期东方白鹳调查

调查单位：

山东黄河三角洲国家级自然保护区管理局

调查人员：

朱书玉、王伟华、赵亚杰、王立冬、张希涛、王学民、牛汝强、毕正刚、付守强、盖勇

调查时间：

2015 年 3 月 1 日至 6 月 10 日

背景介绍：

东方白鹳，国家一级保护鸟类，山东黄河三角洲国家级自然保护区自 1997 年发现 19 只东方白鹳迁徙种群，至 2003 年发现第一对繁殖以来，经过十几年的湿地恢复、栖息地恢复营造与改善、保护与管理等工作，使东方白鹳繁殖巢数和雏鸟数稳定上升，2005 年，2 巢东方白鹳成功繁殖，繁育出飞雏鸟 7 只；2006 年，7 巢东方白鹳成功繁殖，繁育出飞雏鸟 18 只；2007 年，16 巢东方白鹳成功繁殖，繁育出飞雏鸟 48 只；2008 年，15 巢东方白鹳成功繁殖，繁育出飞雏鸟 38 只；2009 年，17 巢东方白鹳成功繁殖，繁育出飞雏鸟 37 只；2010 年，23 巢东方白鹳成功繁殖，繁育出飞雏鸟 65 只；2011 年，29 巢东方白鹳成功繁殖，繁育出飞雏鸟 72 只；2012 年，31 巢东方白鹳成功繁殖，繁育出飞雏鸟 86 只；2013 年，36 巢东方白鹳成功繁殖，繁育出飞雏鸟 114 只；2014 年，40 巢东方白鹳成功繁殖，繁育出飞雏鸟 109 只；2015 年，49 巢东方白鹳成功繁殖，繁育出飞雏鸟 149 只。黄河三角洲东方白鹳繁殖种群的不断壮大，有力地促进了该物种种群的恢复工作，为该物种的保护与恢复做出重要贡献，将给该物种保护和濒危水鸟的保护生物学研究带来新机遇。

（1）黄河三角洲保护区东方白鹳资源情况

1998—2000 年，日本学者利用卫星跟踪技术研究了秋季迁徙过程。位于辽东湾、莱州湾、渤海湾的停歇地对整个迁徙过程尤为重要。自然保护区成立以来，由于严格有效的控制和管理，黄河三角洲大片天然原始的湿地生态系统被很好地保存下来。每逢鸟类迁徙期有成千上万只候鸟在此休憩补食，主要为雁鸭类、鸻鹬类、鸥类及鹤类等。过去针对东方白鹳的研究有许多，开展黄河三角洲东方白鹳的繁殖与保护研究，实施保护工程，恢复其栖息地对其种群恢复具有重要的意义。

2003 年，首次在黄河口管理站人工河河口西岸废弃的电线杆上发现 1 对东方白鹳筑巢繁殖；2005 年 3 月，大汶流湿地恢复区内电线杆上发现了 2 对东方白鹳成功繁殖，成功繁育出飞雏鸟 7 只；之后，繁殖种群数量逐年增加（图 2-41）。2006 年，共有 7 对东方白鹳成功繁殖，成功繁育出飞雏鸟 18 只。2007 年，共有 16 对东方白鹳成功繁殖，成功繁育出飞雏鸟 48 只。2008 年，共有 15 对东方白鹳成功繁殖，成功繁育出飞雏鸟 38 只。2009 年，共有 17 对东方白鹳成功繁殖，成功繁育出飞雏鸟 37 只。2010 年，共有 23 对东方白鹳成功繁殖，成功繁育出飞雏鸟 65 只。2011 年，共 29 对东方白鹳成功繁殖，成功繁育出飞雏鸟 72 只。2012 年，共有 31 对东方白鹳成功繁殖，繁育出飞雏鸟 86 只。2013 年，共有 36 对东方白鹳成功繁殖，成功繁育出飞雏鸟 114 只，历史上第一次突破 100 只。2014 年，共有 40 对东方白鹳成功繁殖，成功繁育出飞雏鸟 109 只。2015 年，共有 49 对东方白鹳成功繁殖，成功繁育出飞雏鸟 149 只，黄河三角洲成为东方白鹳中国最重要的繁殖地之一。

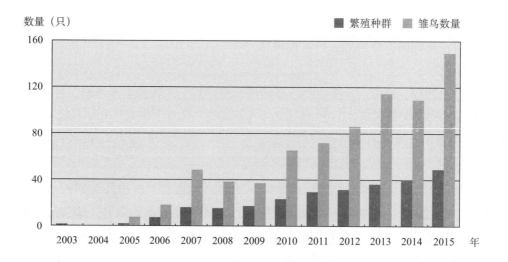

图 2-41　黄河三角洲东方白鹳繁殖对雏鸟数变化

（2）繁殖地范围与分布

历史上，黄河三角洲保护区东方白鹳的繁殖区域主要集中在大汶流管理站的湿地恢复区内，接近 50 巢，自 2005 年以来基本保持持续增长状态；黄河口管理站湿地恢复区 2006—2010 年间保持在 2 巢以上，2010 年后稳定增长到 7 巢，近几年数量有所下降，且数量和地点都有稳定；一千二管理站以孤北水库为中心的湿地附近 2006 年有 3～5 巢（2006 年），同时河口区仙河镇顺东港高速北侧的芦苇沼泽中有 3～5 巢（2006—2008 年），保护区以外鸟巢面临被电力部门清理的危险，数量不稳定。自 2013 年后主要集中在仙河镇高速公路至河口间的芦苇湿地范围内。以上区域均为东方白鹳的繁殖区域，繁殖区域面积约 118km²，同时以以上区域为中心，黄河三角洲广大芦苇沼泽范围内，在人迹罕至、人为干扰少的区域也是东方白鹳潜在的繁殖地，估计范围可达 70 km²（图 2-42）。

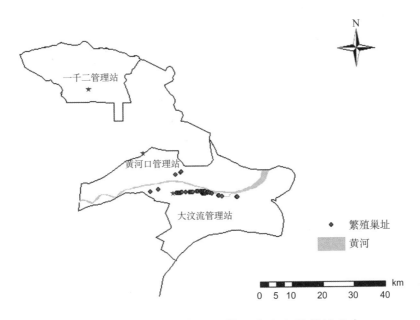

图 2-42　黄河三角洲自然保护区东方白鹳巢址分布

调查结果：

2.5.1　繁殖数量

2.5.1.1　繁殖期种群数量

据 2006—2013 年期间，东方白鹳在繁殖期间分布区的数量调查，东方白鹳数量维持在 150—160 只。2010 年以前有 20%～25% 的个体参与了繁殖，2010 年后比例不断增长，2013 年有约 40% 个体参与繁殖，其他个体为亚成体或游荡个体，并不参加繁殖。2014—2015 年繁殖数量有所增加，数量达到 180～200 只，2014 年的亚成体达到性成熟参与了繁殖，有 60%～70% 的个体参与繁殖。

2.5.1.2　繁殖期繁殖种群数量与巢数

在 2003—2015 年的 13 年里，黄河三角洲东方白鹳留居繁殖种群由 2003 年的 1 个繁殖对增加到 2015 年的 49 个繁殖对。由 2005 年成功繁育出飞雏鸟 7 只增加到 2015 年的 147 只。随着留居繁殖年份的增加，黄河三角洲东方白鹳留居繁殖种群有逐渐增长的趋势。

2.5.1.3　繁殖特征

东方白鹳在黄河三角洲繁殖的时间不一致，一般于 2 月上旬陆续回到巢区占区，2 月中下旬开始营巢。巢筑在水泥电线杆、人工招引杆或者高压输电铁塔上。巢基本呈圆框形，硬巢材为枯死的柽柳枝或旱柳枝，软巢材为芦苇絮。东方白鹳的巢有两种：重修旧巢和新建巢。新旧巢的营巢时间差异不大，一般在 11～18 天，每窝产卵 3～5 枚，白色。孵化期一般在 33 天左右，雌雄亲鸟轮流孵卵。幼鸟大部分在 4～5 月出壳，也有因受到干扰而重新交配导致繁殖出壳时间推迟的情况。育雏期一般为 65 天左右，雌雄亲鸟均参加育雏。研究发现人工招引巢的育雏时间要比电线杆巢要少 10 天左右，这可能与人工杆离觅食地的距离要比电线杆近 500m，相对于电线杆巢来说在食物花费

的时间相对较少有关。幼鸟出飞时间一般在6月底至7月初离巢，个别受干扰繁殖对延迟到8月上旬。东方白鹳在黄河三角洲的繁殖成功率在70%以上，出飞率在78%以上。

2.5.2 栖息地选择

2.5.2.1 东方白鹳生境类型

东方白鹳分布区域湿地资源有以下几种类型（图2-43，彩图见文后彩插），主要分布类型有以下四种。

（1）黄河河口淡水型

由于黄河淡水注入，泥沙大量淤积，形成大面积湿地。长年或季节性积水，植物类型以芦苇为主的单优势群落，是鸟类的重要栖息地和繁殖场所，这种类型湿地主要集中在大汶流管理站。

（2）黄河故道河口向咸水型过渡型

位于1976年间黄河刁口故道河口的一千二管理站，以这种湿地类型为主。植物群落组成以柽柳、獐茅、碱蓬为主，随着淡水来源的萎缩和海水的倒灌，湿地由"咸淡混合型"向"咸水型"过渡。

（3）黄河现道河漫滩淡水型

分布黄河现道两侧的河漫滩上，植物群落以野生大豆（*Pueraria lobata*）、芦苇为主，这种类型湿地集中在黄河口管理站。

（4）养殖水塘、坑塘、水库、盐池淡水型

黄河三角洲的养殖水塘、坑塘、水库、盐池，形成分散的小湿地景观，有零星的芦苇分布三个管理站均有分布。水稻田的开发也造就了水稻田湿地，集中在大汶流管理站外围。

2.5.2.2 繁殖栖息地选择

夏季的栖息地类型有五种类型：五万亩湿地恢复区、十万亩湿地恢复区、虾池、芦苇水塘、巢区。在对东方白鹳繁殖期的全天行为观察期间，记录所观察巢亲鸟的觅食去向，繁殖前期共记录

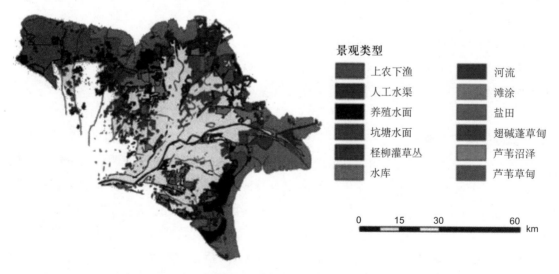

图2-43 黄河三角洲湿地类型图（宗秀影，2009）

到 175 次，其中，湿地恢复区芦苇沼泽觅食 123 次 (70.29%)，湿地未恢复区觅食芦苇沼泽 25 次 (14.29%)，五万亩明水面觅食 20 次 (11.43%)，巢区公路水沟觅食 7 次 (4.00%)。繁殖后期共记录到 217 次，其中，湿地恢复区芦苇沼泽觅食 59 次 (27.19%)，湿地未恢复区芦苇沼泽觅食 71 次 (32.72%)，五万亩明水面觅食 65 次 (29.95%)，巢区公路边水沟觅食 22 次 (10.14%)。因此，芦苇沼泽是本地东方白鹳重要的觅食栖息地。

2.5.3 东方白鹳生态学研究

2007 年开始，与安徽大学等合作开展东方白鹳的繁殖、栖息地选择等研究，开展了"越冬地和迁徙停歇地东方白鹳生境选择"、"迁徙停歇地东方白鹳繁殖期觅食生境选择"、"黄河三角洲东方白鹳繁殖生态和栖息地选择特征"等专项课题研究。2008 年初，自然保护区与国家科技部信息研究所合作，实施并完成了远程视频监控系统，对东方白鹳的繁殖行为和繁殖环境进行实时监测，及时管理繁殖期的人为活动，减少干扰。2010 年，保护区科研人员与全国鸟类环志中心、安徽大学开展了"东方白鹳扩散与分布机制研究"项目，进行了野生种群调查、繁殖巢数调查等内容，对 4 只东方白鹳幼鸟进行卫星环志，配戴跟踪发射器，以更好地了解、掌握其越冬地、繁殖地生活习性和迁徙规律，为下一步更好地开展保护工作提供科技支撑和知识储备。

2.5.4 东方白鹳的保护管理与种群恢复

近年来，黄河三角洲国家级自然保护区加大了湿地恢复力度、加强了繁殖栖息地的保护、建设了水位调控设施，努力为东方白鹳迁徙、繁殖、越冬提供适宜的栖息，取得了明显成效，鉴于东营市在东方白鹳种群恢复和保护上的重要贡献，2010 年中国野生动物保护协会授予"中国东方白鹳"称号。

（1）恢复湿地生态环境

自 2003 年起，保护区为改善河口湿地的环境开始实施湿地恢复工程，相继在大汶流管理站内开展了十五万亩、黄河口管理站三万亩、一千二管理站五万亩恢复工程（2010 年），每年借黄河调水调沙之际，给退化湿地补充充足淡水，使得淡水湿地面积不断扩大，湿地内生态环境质量明显提高，植被长势保持良好状态，鱼类等水生动物种类、数量均明显增多，为东方白鹳提供了良好的繁育栖息环境。

（2）实施人工招引巢工程

东方白鹳属大型鹳形目涉禽，其繁殖活动需要高大的树木作为巢址和稀树林环境作为隐蔽物，黄河三角洲缺少适合东方白鹳营巢的高大乔木，在此繁殖的东方白鹳均在水泥电线杆和高压铁塔上筑巢。为了解决巢址不足和安全问题，保护区管理局于 2007 年在大汶流湿地恢复区内选择靠近五万亩大水面地点，树立了 21 个高 10m 顶端焊有"井"字形铁架的人工招引杆，每杆间距 120m 左右。2008 年这些招引杆没有被利用。2009 年，有 5 巢在人工招引杆上建巢繁殖，在繁殖期还有 2 对试图在人工招引杆上筑巢，但没有成功。影响繁殖成功的主要原因是大风多次把巢材和孵化卵吹落。2010 年初，对人工招引杆顶端的巢进行改造并加固，焊接上巢底直径 1.2～1.3m、巢顶直径 1.8～2.2m 的 3 种规格的镀锌钢材碗状人工巢，并布撒桎柳枝等巢材于巢址周围。当年有 4 巢成功坐巢，但 1 巢繁殖失败，有 3 巢成功出飞 7 只幼鸟。黄河口管理站在人工河废弃线杆设立了 4 个招

引巢。2013 年在黄河口管理站建设了 10 个招引巢。

（3）建设生态补水体系，合理调控湿地恢复区水位，营造和改善东方白鹳栖息地

湿地生态恢复区的水位对繁殖觅食生境选择具有决定影响，因此，加强水位管理是保证东方白鹳的繁殖活动顺利进行的关键。为保证东方白鹳生存的需要，根据研究成果，在繁殖期内都重视水位的变化对东方白鹳觅食的影响，合理控制水位的变化，以此来保证东方白鹳留居繁殖种群的食物需求。2015 年，投资 160 万元实施了国家林业局东方白鹳栖息地改善工程，通过建设连能闸、泄水闸、引水渠等设施，将湿地水位调控在一定水位，不同恢复区域内分别设置在 5～10cm、10～20 cm，20～30 cm 和一定面积的深水区，有力改善了鸟类的栖息地，满足东方白鹳及不同鸟类的栖息需要。当年就有迁徙期（自 10 月下旬至 12 月下旬）一直有东方白鹳在项目区栖息，12 月 16 日数量达到 187 只东方白鹳在项目区栖息觅食。同时加强禁渔等活动，保证东方白鹳在各个时期内有充足的食物资源。

（4）加强依法管理，提升执法管理能力

影响野生动物生境选择主要因子有水、食物、隐蔽物、干扰等四类，根据东方白鹳繁殖等活动的需要，在日常管理过程中，加强东方白鹳分布区的管理，尤其是繁殖期实行封闭式管理，禁止人类活动和进入，形成安静的繁殖环境，尽量满足其生理的需要，改善其栖息地生境。同时加强对已做巢的电线管理，协商电力部门在保证电力安全的前提下，保证鸟类繁殖期内巢的安全。

（5）鸟类的日常巡护监测与科研管理

各管理站均有专门人员对各辖区的鸟类资源状况进行日常巡护监测，对出入保护区的车辆进行安全检查，坚决打击和杜绝下药、下网等危害鸟类的非法行为，对各个时期鸟类的分布情况及禽流感等疫源疫病的异常死亡情况进行日报告制度。特别是对迁徙期和繁殖期的东方白鹳进行专人跟踪观测，及时了解和掌握并记录其种群动态和详细的生活习性。

2007 年开始，与安徽大学合作开展东方白鹳的繁殖研究，建立了东方白鹳繁殖巢档案，对各个巢历年的利用情况进行详细的观察记录，对繁殖期东方白鹳进行跟踪观测。2008 年初，自然保护区与国家科技部信息研究所合作，实施并完成了远程视频监控系统。2010 年 6 月，与全国鸟类环志中心、安徽大学一起对即将出飞的 4 只东方白鹳幼鸟进行环志，配戴卫星跟踪发射器，以更好地了解、掌握其越冬地、繁殖地生活习性和迁徙规律，为下一步更好地开展保护工作提供科技支撑和知识储备。

（6）多渠道地开展宣传教育活动，不断提高鸟类保护意识

借助"湿地博物馆"和"鸟类救护中心"等宣教场所，对外开展多种多样的科普教育宣传活动，如每年定期开展"爱鸟周"活动、"湿地使者"行动等，向社会各界特别是广大中小学生普及湿地、鸟类保护知识。特别是作为东方白鹳越来越重要的繁殖地之一，向市民介绍保护好黄河三角洲湿地的重要性，宣传东方白鹳的知识及重要性，提高公众对鸟类特别是东方白鹳等黄河三角洲湿地保护区大型繁殖鸟类生活习性的认识，使当地群众不仅了解爱鸟、护鸟的常识，而且自觉加入宣传和保护的队伍中来。经过多年广泛的宣传教育活动，保护区周边居民的鸟类保护意识不断增强。

2.6 繁殖期黑嘴鸥调查

调查单位：

山东黄河三角洲国家级自然保护区管理局、全国鸟类环志中心 *

调查人员：

王伟华、江红星 *、朱书玉、赵亚杰、丁广民、王学民、许加美、牛汝强、李寿光、王立冬

调查时间：

2015 年 5 月 20 日至 6 月 12 日

背景介绍：

黑嘴鸥全球种群数量约为 21000～22000 只，为中国东部特有的繁殖鸟，越冬分布于南部沿海包括中国香港。自 1990 年首次在黄河三角洲发现黑嘴鸥以来，我们积极同国内外专家及相关单位、组织开展黑嘴鸥研究合作项目，调查了黑嘴鸥在保护区内的数量、分布区域、繁殖习性及繁殖地以及黑嘴鸥的环志等工作。在调查研究的基础上，提出科学保护黑嘴鸥的措施，探讨加强黑嘴鸥保护的策略。

黑嘴鸥为世界易危鸟类，全球数量约为 14000 只。20 世纪 90 年代初，世界黑嘴鸥数量仅存 2000 多只，处于濒危灭绝的边缘，为此世界自然基金会发起了在全球寻找黑嘴鸥的行动。20 世纪 90 年代调查其繁殖地主要在中国的辽宁双台河口、江苏沿海、山东黄河三角洲的河口滩涂一带，越冬于中国广东、福建等南方地区、东南亚一带及朝鲜、日本的沿海滩涂。

调查方法：

野外直数法，根据黑嘴鸥的生态习性，踏查其栖息繁殖地，采取野外直接观察法，借助单筒望远镜 SWARDVS KI STS 65 HD（60×60）识别种类，双筒望远镜 Kowa BD（8×40）统计数量。

调查结果：

2.6.1 栖息地

在迁徙期的野外调查发现，自然保护区在近海区域内均有黑嘴鸥分布，数量集中区域主要分布在人工河口、新黄河口、老黄河口、大汶流沟、十五万亩湿地恢复区等五个区域内，这些区域为生物多样性较为丰富的河口区域及近海滩涂。

黑嘴鸥的栖息生境为：大潮能淹没的分布有碱蓬的潮间带、潮沟两岸、河口区，少量会飞到距滩涂较远的有淡水的小沼泽、池塘中。

2.6.2 黑嘴鸥资源与繁殖情况

黄河三角洲地区潮沟密布，湿地资源丰富，自然条件下，黑嘴鸥喜欢选择河流入海口两侧的高潮滩繁殖，在 1998 年前，黄河三角洲基本处于原始状态，人为干扰少，原始的河流多，也就是适宜黑嘴鸥繁殖的生境范围广阔，有利于黑嘴鸥的生存、繁殖。且潮沟内有丰富的甲壳类、鱼类等鸟

类食物资源丰富，为鸟类繁殖提供了优越的条件。1992 年，科研人员首次在黄河三角洲地区发现两处黑嘴鸥繁殖地，繁殖种群 543 只，繁殖巢 9 个。据估计，历史上黑嘴鸥数量应该远超过实际调查数量，结合 1998 年的一次较全面的繁殖地调查和其他专项调查发现的潮河口、沽利河口等繁殖地情况，黄河三角洲地区实际繁殖的黑嘴鸥数量应该维持在 1800～2000 只。黑嘴鸥在一块繁殖地消失后，会选择附近相似生境作为替代繁殖地，表现出较强的适应性。

20 世纪 90 年代至 21 世纪初，由于新生的黄河三角洲地区地质地貌的自然变迁、人为干扰，以及保护管理措施的相对滞后，使得该区黑嘴鸥繁殖地一直处于不稳定状态，数量维持在 500～1500 只。

为此，东营市政府加大了黑嘴鸥管护力度，加强与全国鸟类环志中心、北京师范大学等科研院所的合作，致力开展黑嘴鸥繁殖与保护的科研工作。在研究成果的基础上，因地制宜采取湿地恢复工程、栖息地改善、鸟岛建设等措施，切实加强黑嘴鸥的保护管理（图 2-44）。

2006 年，先后在黄河三角洲国家级自然保护区内投资实施了十万亩湿地恢复工程、生态补水工程、鸟类栖息地改善等工程，这些生态工程客观上为黑嘴鸥的繁殖提供了比较稳定的繁殖地。该区域临近历史上黑嘴鸥大汶流沟东繁殖地。2006 年出现 52 只黑嘴鸥繁殖，2007 年 540 只，2008 年 600 只，2009 年 1200 只，2014 年 600 只，2015 年 1194 只。恢复区内繁殖地主要有 2 处，其一是一号防台南一万亩湿地恢复区为最早繁殖地，近几年由于缺水、缺少盐地碱蓬植被和水位不稳定等原因，繁殖种群一直不稳定，2012 年后基本无繁殖记录。其二是 2010 年建设的 8 个鸟类繁殖岛。近几年繁殖数量较稳定，种群稳定 600～1200 只之间。

图 2-44 黄河三角洲自然保护区黑嘴鸥繁殖区位置图

2012年，东营市政府又在自然保护区一千二管理站投资实施了三万亩湿地恢复工程，盐地碱蓬植被得以恢复，恢复区内水位适宜，鸟类食物丰富稳定；2013年，开始有2500只黑嘴鸥在此筑巢繁殖；2014年繁殖种群数量增加到3000多只；2015年有4000多只在此繁殖，营巢2056个，繁殖雏鸟5700多只。一千二湿地恢复区成为黄河三角洲最大、最稳定的繁殖地。

自2013年后，自然保护区周边繁殖的黑嘴鸥逐渐向自然保护区内聚集，黄河三角洲地区黑嘴鸥基本集中于自然保护区湿地恢复区中繁殖，数量达到3000只以上，并且数量呈增长的趋势（图2-45）。

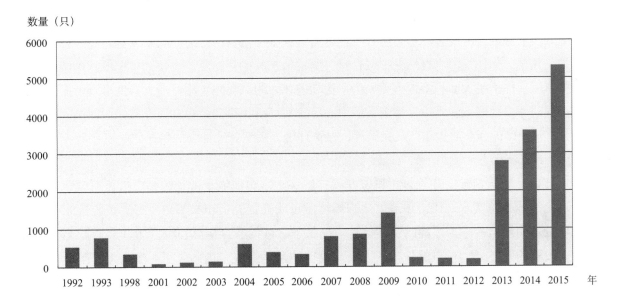

图2-45 历年黄河三角洲黑嘴鸥繁殖种群数量变化图

2015年，山东黄河三角洲国家级自然保护区内共有5330多只黑嘴鸥群参与繁殖，共营巢2665个，繁殖雏鸟7462只（孵化率2.8只/巢）。目前，自然保护区黑嘴鸥繁殖地主要有三处（图2-44）：最大的繁殖地是一千二管理站湿地恢复区，2015年营巢2056个；大汶流管理站湿地恢复区繁殖岛，2015年营巢597个；大汶流管理站黄河新岛，2015年营巢12个。黄河三角洲国家级自然保护区成为全球黑嘴鸥第二大繁殖地。

今后，自然保护区将在黑嘴鸥繁殖地实施更加严格地封闭式管理，杜绝人为干扰。恢复繁殖地植被，合理控制繁殖地水面面积和水位。繁殖地四周沟渠挖深、挖宽，防止天敌进入侵害。加强鸟类栖息地选择、食性、恢复等科学研究，有力指导保护管理。实施鸟类栖息地恢复与改善工程，扩大繁殖地面积，改善其繁殖地质量，丰富其食物资源，不断恢复其种群数量，为拯救该物种做出应有的贡献。

2.6.3 繁殖习性

处于繁殖期的黑嘴鸥集群于碱蓬滩涂，用芦苇、干枯碱蓬的茎编筑简单的皿（盘）状巢。筑巢任务由雄雌鸟共同进行。巢区一般为淤泥质滩涂，且地面常覆盖有少量积水。筑巢地在高于地面的

干碱蓬、三棱草上，2m^{2}的范围内可见到2~3个黑嘴鸥巢。

4月下旬黑嘴鸥进入繁殖期，6月中旬出雏达到高峰，到7月中旬繁殖结束。黑嘴鸥交配前以2只成鸟活动为主，每窝产卵3~5枚，卵呈粉绿色，具黑褐色点状块斑，大小约50mm×35mm，孵卵的任务由雌雄亲鸟轮流承担，孵卵期大约21天。雏鸟成活率为84.3%，幼鸟出壳后，每4~6只为一群，觅食时多随成鸟身边，幼鸟性胆怯，受到惊扰时常钻进盐地碱蓬根部或伏地不动。成鸟会在天空俯冲，同时发出尖锐的警告声，驱逐进入繁殖区内的人员。

2.6.4 黑嘴鸥保护措施建议

近年来，东营市人民政府密切关注黄河三角洲地区特别是黄河三角洲国家级自然保护区内的黑嘴鸥保护与繁殖工作，加大对自然保护区自然资源的保护和监管力度，对辖区内土地、水域的开发利用严格审批，保护了大面积湿地不受人为干扰和破坏，为黑嘴鸥等珍稀鸟类的生息繁衍提供了充足空间。同时，借助湿地博物馆、鸟类救护中心等宣教场所积极向社会广泛宣传保护湿地、爱护鸟类的知识，让更多的人参与进来，从我做起，保护环境，关注野生动物的生存。

（1）改善湿地生态环境，为黑嘴鸥提供良好繁殖条件

2001年起，东营市政府连续多年投资开展自然保护区湿地恢复工程，每年借黄河调水调沙之际，给退化湿地补充淡水，使得湿地内生态环境质量明显提高，植被长势良好，鱼类等水生动物种类、数量均明显增多，为黑嘴鸥及其他鸟类提供了良好的繁育栖息环境。2011年，根据鸟类繁殖习性，投资400万元，在自然保护区大汶流管理站湿地恢复区内建设了8个人工繁殖岛，远离人类及其他野生兽类的干扰，为黑嘴鸥、鸥嘴噪鸥等鸟类提供了安全繁殖场所。同时，在人工岛上适量布撒盐地碱蓬、柽柳种子，以利于黑嘴鸥等鸟类隐蔽筑巢。2010—2015年，一千二管理站累计投资1120万实施了湿地恢复工程，为黑嘴鸥等鸟类的繁殖提供栖息场所。2013年，在对黑嘴鸥繁殖生境适宜性分析的基础上，在一千二管理站划定3200亩潮间带作为黑嘴鸥繁殖核心保护区域，通过建设围堤、隔坝、引水渠和水闸，严格调控适宜水位，防止潮水或雨水过大淹没巢区，冲毁巢卵。

通过多年繁殖栖息地的改造与完善，黑嘴鸥在黄河三角洲的繁殖种群与繁殖幼雏数连续增加，东营市政府和自然保护区将在此基础上继续探索黑嘴鸥保护的新举措，加大资金投入力度，为黑嘴鸥打造更为广阔、适宜的生存繁衍空间。

（2）加强巡护监测和视频监控，全方位保护繁殖地安全

东营市政府在自然保护区内建立了治安办和森林公安派出所，自然保护区各管理站也均有巡护人员对各辖区的鸟类资源状况进行日常监测，对出入保护区的车辆进行安全检查，坚决打击和杜绝捡拾鸟蛋、下药、下网等危害鸟类的非法行为，对各个时期鸟类的分布情况及禽流感等疫源疫病的异常死亡情况进行日报告制度。特别是对迁徙期和繁殖期的鸟类进行专人跟踪观测，严禁人为活动干扰鸟类繁殖。2010—2013年，自然保护区先后在大汶流管理站湿地恢复区鸟岛、一千二管理站湿地恢复区黑嘴鸥繁殖区域设立了多个远程高清视频监控摄像头，全方位监控黑嘴鸥繁殖区域内鸟类及人类活动情况。同时，对繁殖区域进行全封闭管理，确保黑嘴鸥繁殖安全。

（3）广泛开展科研合作，深入研究保护黑嘴鸥

以黄河三角洲自然保护区科研人员为骨干，加强与国内外大专院校和科研单位的合作，共同进行黑嘴鸥的相关研究。1998 年，自然保护区与澳大利亚合作开展了中澳水鸟联合调查研究时，发现黑嘴鸥迁徙种群 1524 只。2003 年，自然保护区就与全国鸟类环志中心合作开展了黑嘴鸥调查与环志工作，并连续开展了多年，以更好地探索黑嘴鸥迁徙动态与规律。

2014 年 6 月 17～21 日，由全国鸟类环志中心、日本山阶鸟类研究所、韩国国立大学东方白鹳研究所和黄河三角洲自然保护区专家组成的黑嘴鸥联合调查团，在黄河三角洲国家级自然保护区开展了为期 5 天的黑嘴鸥繁殖调查研究，成功环志与彩色标记黑嘴鸥幼鸟 204 只。同时，专家们围绕黑嘴鸥保护进行了学术和保护经验交流。

2015 年 3～7 月，在调查环志的基础上，自然保护区与全国鸟类环志中心研究人员进一步开展了黑嘴鸥繁殖生态学研究，对黑嘴鸥巢址、巢材的选择、巢间距、产卵数量、孵化时间、育雏情况等进行了详细测量和记录。同时，与北京师范大学联合开展了黑嘴鸥食性研究，对繁殖期黑嘴鸥食物种类及选择进行了相关监测与分析。与山东省农业科学院联合开展了繁殖期黑嘴鸥新城疫和禽流感病毒的流行病学调查采样工作，以了解掌控黑嘴鸥等鸟类疫病情况及传播规律，为下一步更好地保护黑嘴鸥提供借鉴参考（图 2-46，彩图见文后彩插）。

（4）加强宣传教育活动，提高公众的鸟类保护意识

以黄河口湿地博物馆和鸟类救护中心等宣教场所为基地，开展多种多样的科普教育宣传活动，如每年开展"爱鸟周"活动、"湿地使者"行动等，向社会各界特别是广大中小学生普及湿地、鸟类保护知识，宣传黑嘴鸥等鸟类的知识及重要性，提高公众对鸟类特别是黑嘴鸥等珍稀易危鸟类生活习性的认识，使当地群众不仅了解爱鸟、护鸟的常识，而且自觉加入宣传和保护的队伍中来。

通过发放宣传单、巡护车广播等宣教方式，加强自然保护区周边社区群众的宣传教育，呼吁人们爱护湿地、保护鸟类。对热心救护鸟类的民众进行适当奖励或发放纪念品，并加以宣传报道，激励民众爱鸟、护鸟的热情，使得近年来出现了许多市民救治鸟类的好人好事。

图 2-46　黑嘴鸥调查

3 植物监测

调查单位：

山东黄河三角洲国家级自然保护区管理局

调查人员：

王伟华、朱书玉、赵亚杰、韩广轩、栗云召、张希涛、毕正刚、王学民、许加美、王立冬

调查时间：

2015 年 2 月 20 日至 11 月 20 日

调查方法：

以机械抽样的方法，在样地内设置样方，草本采样 1m×1m 的样方，灌木采用 10m×10m 的样方，调查植被种类、盖度和高度等。盖度调查采用估测法。计算各植物种的相对盖度、相对高度、相对频度和重要值。群落的种群组成测度采用重要值，物种多样性采用物种丰富度指数（Patrick 指数）和多样性指数（Shannon-Wiener 指数）。

物种丰富度指数（Patrick 指数）D=S。D 表示物种丰富度指数；S 表示所研究面积的种数。

多样性指数 Hi=-∑PilnPi。Hi 为物种多样性指数，Pi 在研究中用重要值代替。

重要值（%）=（相对高度＋相对盖度＋相对频度）/3。

相对高度=（野外实测的某种群的平均高度 / 样方内所有种群平均高度之和）×100%。相对盖度与相对频度的计算方法与此类似。

调查结果：

自然保护区的植物监测从 2 月开始，持续到 11 月。在 6~7 月，在三个管理站同步开展了植被日常监测，大汶流管理站监测点位 62 个，黄河口管理站监测点位 49 个，一千二管理站监测点位 64 个，主要优势植被有芦苇、盐地碱蓬、白茅、艾蒿、灰绿藜、荻、罗布麻、野大豆等。同时在 8~10 月与中国科学院烟台海岸带所、山东师范大学开展了典型湿地植被系统调查及互花米草的监测。

3.1 植物种类

此次调查共统计植物 31 种（图 3-1）。乔木 4 种，分别为白蜡、柳树、杨树、槐树；灌木 3 种，分别为柽柳、中华柽柳、紫穗槐；草本 24 种，即芦苇、碱蓬、盐地碱蓬、白茅、獐茅、罗布麻、

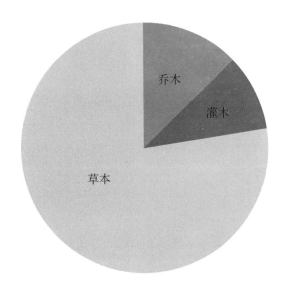

图 3-1　自然保护区内植物种类分布

补血草、苦苣菜、苣荬菜、鹅绒藤、野大豆、碱菀、荻、甘草、反枝苋、狗尾草、互花米草、藜、蒙古鸦葱、香蒲、盐角草、猪毛菜、黄蒿、假苇拂子茅。

　　自然保护区内主要是草本植物，其中以禾本科、藜科、柽柳科为研究重点，禾本科 8 种，藜科 6 种，菊科 5 种，豆科 4 种，柽柳科 2 种，杨柳科 2 种，夹竹桃科 1 种，白花丹科 1 种，萝藦科 1 种，木犀科 1 种，其中含外来入侵植物 1 种，即互花米草。

3.2　植物群落多样性

　　调查植物群落 21 个，含芦苇群落、柽柳群落、盐地碱蓬群落、芦苇—柽柳群落、芦苇—盐地碱蓬群落、芦苇—碱蓬群落、鹅绒藤群落、柽柳—碱蓬群落、柽柳—盐地碱蓬、芦苇—荻群落、芦苇—苣荬菜群落、芦苇—罗布麻群落、碱蓬群落、苣荬菜群落、芦苇—白茅群落、假苇拂子茅群落、獐茅群落、补血草群落、荻—野大豆群落、芦苇—香蒲群落、芦苇—茵陈蒿群落。各群落丰富度指数见图 3-2，其中柽柳群落、芦苇—柽柳群落、芦苇—碱蓬群落、苣荬菜群落的丰富度指数最高。

3.3　草本植物群落专项监测

　　物种多样性是群落生物组成结构的重要指标，物种丰富度与物种多样性密切相关。群落内物种组成越丰富，则多样性越大，群落结构越趋于稳定（表 3-1，表 3-2）。

　　芦苇群落：芦苇为建群种，伴生种主要为盐地碱蓬、鹅绒藤、碱蓬、罗布麻、苦苣菜、柽柳、苣荬菜。植物成分相对较多，盖度可达 80% 以上，群落结构相对稳定，物种丰富度 8，多样性指数为 1.78，且多年生植被和一年生植被占据重要位置。

荻群落：芦苇和荻为主要的植被，荻为优势种，高度达到 1.8m，盖度平均为 60%，组成成分相对单一，丰富度和多样性指数较低。

白茅群落：白茅为优势种，芦苇成为亚优势种。白茅高度 0.9m，盖度一般达到 70%。群落内物种较丰富，监测到芦苇、小香蒲、柽柳、苦苣菜、罗布麻、假苇拂子茅、鹅绒藤、大蓟和荻，物种

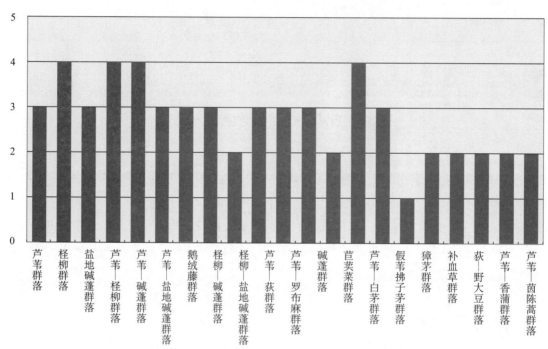

图 3-2 自然保护区内植物群落物种丰富度

表 3-1 不同植物群落植被组成及特征

样地类型	种名	生活型	相对高度 (%)	相对盖度 (%)	相对频度 (%)	重要值 (%)	物候期	生活力
芦苇群落	芦苇	PH	17.27	21.98	36.00	21.08	花果期	一般
	盐地碱蓬	AH	9.65	15.07	24.00	12.24	果期	差
	鹅绒藤	PH	8.83	8.95	12.00	9.93	枯萎期	一般
	碱蓬	AH	13.78	6.56	12.00	8.12	果期	差
	罗布麻	PH	7.42	0.90	4.00	4.11	生长末期	一般
	苦苣菜	AH	4.24	1.79	4.00	3.34	生长末期	好
	柽柳	SH	21.84	40.28	4.00	22.04	枯萎期	一般
	苣荬菜	PH	16.96	4.48	4.00	7.15	生长末期	一般

（续）

样地类型	种名	生活型	相对高度 (%)	相对盖度 (%)	相对频度 (%)	重要值 (%)	物候期	生活力
荻群落	荻	PH	44.40	38.98	0.50	27.96	花果期	好
	芦苇	PH	55.60	61.02	0.50	39.04	花果期	一般
白茅群落	白茅	PH	10.48	37.25	0.21	15.98	生长末期	一般
	芦苇	PH	18.02	13.12	0.13	10.42	花果期	一般
	小香蒲	PH	9.61	4.59	0.13	4.78	生长末期	一般
	柽柳	SH	11.03	17.50	0.08	9.54	枯萎期	差
	苦苣菜	AH	6.15	7.44	0.13	4.57	生长末期	一般
	罗布麻	PH	9.92	6.97	0.11	5.67	生长末期	枯落
	假苇拂子茅	PH	7.27	3.01	0.05	3.44	生长末期	一般
	鹅绒藤	PH	5.17	1.91	0.11	2.40	枯萎期	差
	大蓟	PH	11.18	5.47	0.03	5.56	生长末期	一般
	荻	PH	11.18	2.73	0.03	4.65	花果期	一般
盐地碱蓬群落	芦苇	PH	32.58	19.31	9.09	20.33	花果期	一般
	盐地碱蓬	AH	15.10	48.93	45.45	36.50	果期	好
	柽柳	SH	24.46	15.67	27.27	22.47	枯萎期	一般
	白茅	PH	15.00	3.22	9.09	9.10	生长末期	一般
	盐角草	AH	12.85	12.88	9.09	11.61	果期	一般
香蒲群落	小香蒲	PH	14.74	20.79	35.71	23.74	生长末期	好
	假苇拂子茅	PH	19.86	21.77	35.71	25.78	生长末期	枯落
	大蓟	PH	7.27	1.51	7.14	5.31	生长末期	好
	盐地碱蓬	AH	9.69	10.58	7.14	9.14	果期	好
	芦苇	PH	28.26	19.65	7.14	18.35	花果期	一般
	香蒲	PH	20.19	25.70	7.14	17.68	生长末期	一般

注明：AH 为一年生草本（annual herb）；PH 为多年生草本（perennial herb）；SH 为灌木（shrub）。

表 3-2　不同植物群落的物种丰富度及多样性

指数	芦苇群落	荻群落	白茅群落	盐地碱蓬群落	香蒲群落
丰富度	8	2	10	5	6
多样性	1.78	0.72	1.71	1.50	1.68

多样性指数为1.71，多样性仅次于芦苇群落。

盐地碱蓬群落：盐地碱蓬耐盐性高，其分布区伴生植物主要有柽柳、盐角草、芦苇、白茅，盐地碱蓬平均高度为0.5m，平均盖度为76%。群落内丰富度指数为5，多样性指数为1.50。

香蒲群落：监测样方内香蒲平均高度0.9m，覆盖度达到70%，伴生物种主要是假苇拂子茅、大蓟、盐地碱蓬和芦苇。群落丰富度指数为6，多样性指数为1.68。

3.4 湿地植物覆盖率调查

采用遥感、地理信息系统为主的3S技术和地面调查相结合，利用每年7月（植物生长最为旺盛期）的遥感资料测量获得自然湿地面积，同时7月15日与地面调查为辅，选取10个样方校正、校验，所采用卫片和地形图比例尺不小于1：2.5万。

黄河三角洲国际重要湿地内植物资源丰富，盐地碱蓬、柽柳和罗布麻在境内广泛分布，自然植被覆盖率达53%，是中国沿海典型的新生湿地自然植被区。

我国自20世纪60年代以来，出于防浪护堤、保护滩涂的考虑，从国外引种大米草、互花米草、狐米草和大绳米。黄河三角洲地区于1985年、1987年先后从江苏引进大米草，分别在小清河口、无棣岔尖套儿河口两侧种植，1990年又从福建引进互花米草和大米草在东营市仙河镇五号桩滩涂栽种，现在保护区内互花米草分布面积为2000hm²。

3.5 互花米草监测

互花米草因其促淤造陆和消浪护堤作用显著而被许多国家引种，我国的互花米草是继大米草引种成功后，于1979年12月从美国引入。5年后，南自广东省电白县（北纬21°27′），北至山东省掖县（北纬37°12′）等十多处海滩潮间带都试栽成功。互花米草在中国东南沿海各省的爆发已成为近年来我国有关生物入侵问题中争论的焦点，在2003年被列入16种中国第一批外来入侵物种名单，如今却在入侵地快速蔓延并呈现爆发趋势。

2006—2015年，黄河三角洲自然保护区互花米草逐年扩张，至2015年，黄河三角洲的米草分布面积约为20km²。2010年之前，互花米草在黄河三角洲的分布面积变化较小；此后，互花米草在黄河三角洲的分布范围和面积迅速扩张（图3-3）。

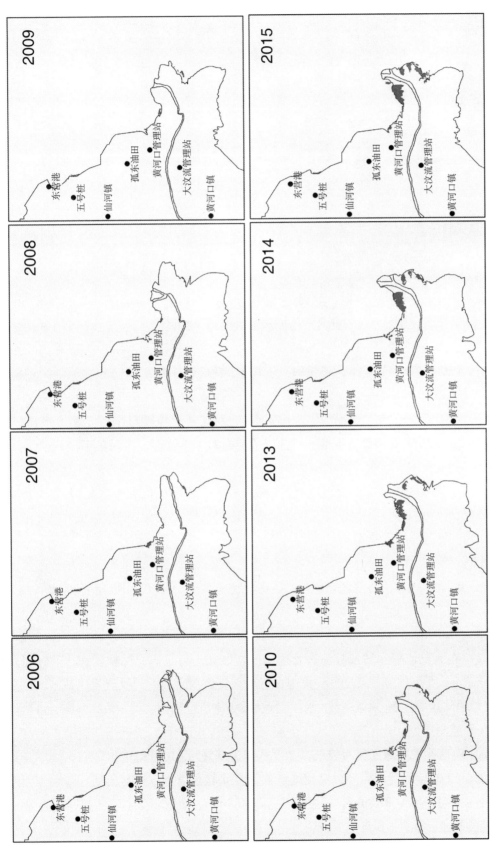

图 3-3　2006—2015 年黄河三角洲互花米草的扩张演变

4

湿地环境监测

4.1 湿地水质监测报告

4.1.1 物理指标监测

调查单位：

中国科学院烟台海岸带研究所*、山东黄河三角洲国家级自然保护区管理局

调查人员：

王光美*、朱书玉、栗云召*、赵亚杰、王伟华、王立冬、冯光海、杨宇鹏、谭海涛、牛汝强

调查时间：

2015年6月，在大汶流管理站及黄河口管理站所辖区域进行了水质抽样调查，监测20个样点；10月对自然保护区大汶流和黄河口管理站所辖区域进行了全面的水质调查，共调查47个样点。

调查区域：

监测范围涵盖自然保护区的主要湿地分区区域，包括1976年黄河故道湿地区域、1976—1996年黄河故道区域以及现行黄河入海口新生湿地区域，湿地类型包括河口湿地、潮汐湿地以及非潮汐湿地，兼顾恢复区和未恢复区的动态监测。

监测指标及方法：

监测指标含水温、电导率、pH、溶解氧（DO）。利用便携式Bante 900 P水质分析仪现场测定。

调查结果：

4.1.1.1　水质监测（2015年6月）

2015年6月1日，在大汶流管理站及黄河口管理站所辖区域进行了水质抽样调查，调查点及位置信息如图4-1和表4-1所示。监测点位主要集中在湿地恢复区内，其中大汶流管理站区域监测点位15个，黄河口管理站区域监测点位5个。水体呈碱性，pH值范围为7.95～9.27，黄河口管理站11号、15号、19号监测点位pH值较高，这三个监测位置距渤海较近，受间潮汐影响，海水入侵使得水体碱性较高；但这些点位盐度相对较低，盐度分别为0.56%、0.40%和0.51%。

水体盐度在0.03%～2.98%间浮动，部分监测样点盐度几乎接近海水，这与天气、降水等因素有关，6月黄河三角洲平均降水量87.8mm，平均蒸发量199.4mm，蒸发量显著高于降水量，造成湿地恢复区内水分蒸发严重。此外，6月是引蓄黄河水前期，湿地恢复区尚未补充淡水，缺少水源。

图 4-1　2015 年 6 月水样调查样点

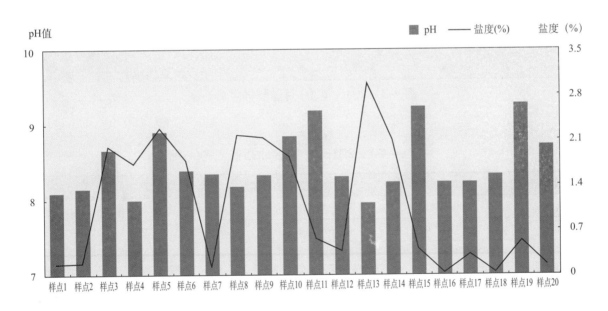

图 4-2　2015 年 6 月自然保护区水质监测数据

综合以上因素，造成了此阶段湿地恢复区水体盐度较高。

4.1.1.2　水质监测（2015 年 10 月）

2015 年 10 月的监测数据表明，水体的 pH 值范围为 7.70～9.20，绝大多数监测样点水体 pH 值处于 7.70～8.90 之间；水体盐度平均值为 1.07%，盐度高于 2.00% 的区域主要包括黄河口管理站湿地恢复区土坝两侧滩涂湿地、芦苇沼泽，162 站路南，以及大汶流管理站 96 河道和南顺河路东北滩涂湿地区域。这些监测地区受海水潮汐影响较大，表现出显著的高盐特性；10 月大汶流管理站湿地恢复区内水体盐度降低，较为适合淡水鱼类生存，为迁徙、栖息的湿地鸟类提供了水源和食物供给源（图 4-3，表 4-1）。

图 4-3　2015 年 10 月监测样点分布图

表 4-1　2015 年 10 月水质监测表

名称	经度	纬度	pH 值	盐度（%）	溶解氧
样点 1	119° 10' 20.967" E	37° 45' 3.408" N	8.00	0.46	7.12
样点 2	119° 9' 17.647" E	37° 45' 36.073" N	8.60	0.16	8.21
样点 3	119° 10' 44.026" E	37° 43' 52.609" N	8.50	1.32	6.91
样点 4	119° 10' 2.632" E	37° 44' 9.252" N	8.10	1.30	7.36
样点 5	119° 10' 31.638" E	37° 45' 4.125" N	8.30	1.12	7.04
样点 6	119° 11' 45.913" E	37° 44' 13.177" N	8.70	0.98	6.93
样点 7	119° 11' 51.902" E	37° 44' 17.128" N	9.00	0.08	8.52
样点 8	119° 1' 5.423" E	37° 43' 47.341" N	8.40	1.01	6.53
样点 9	119° 1' 1.039" E	37° 43' 53.082" N	8.50	1.34	7.81
样点 10	119° 4' 32.940" E	37° 44' 49.642" N	8.30	1.11	7.51
样点 11	119° 11' 37.852" E	37° 43' 30.034" N	8.10	2.16	7.14
样点 12	119° 12' 36.524" E	37° 43' 34.485" N	8.60	0.72	7.65

（续）

名称	经度	纬度	pH 值	盐度（%）	溶解氧
样点 13	119° 13' 33.198" E	37° 42' 59.943" N	8.70	0.43	7.72
样点 14	119° 13' 22.784" E	37° 42' 58.594" N	8.60	0.25	8.15
样点 15	119° 11' 22.284" E	37° 43' 5.228" N	8.20	2.29	7.64
样点 16	119° 11' 31.608" E	37° 43' 24.625" N	8.50	1.26	6.70
样点 17	119° 11' 27.510" E	37° 43' 28.564" N	8.10	1.34	7.80
样点 18	119° 7' 43.970" E	37° 44' 52.735" N	8.70	0.06	7.93
样点 19	119° 9' 23.438" E	37° 46' 51.876" N	8.50	0.47	7.25
样点 20	119° 9' 14.339" E	37° 47' 16.506" N	8.80	0.28	7.94
样点 21	119° 7' 19.517" E	37° 46' 17.517" N	9.20	0.09	8.01
样点 22	119° 2' 9.874" E	37° 48' 45.422" N	9.20	0.05	8.23
样点 23	119° 2' 21.885" E	37° 48' 45.471" N	9.00	2.09	7.67
样点 24	119° 0' 28.820" E	37° 48' 41.492" N	8.60	0.27	7.42
样点 25	119° 2' 10.396" E	37° 48' 52.623" N	9.10	0.13	7.93
样点 26	119° 2' 22.983" E	37° 50' 4.658" N	8.40	0.59	7.19
样点 27	118° 42' 47.987" E	38° 3' 16.619" N	8.00	2.58	7.43
样点 28	118° 44' 41.182" E	38° 3' 24.482" N	8.30	0.54	7.05
样点 29	118° 44' 31.396" E	38° 3' 23.854" N	8.60	0.14	7.14
样点 30	118° 44' 30.575" E	38° 3' 30.173" N	8.80	0.10	8.12
样点 31	118° 44' 29.341" E	38° 4' 6.037" N	8.20	2.05	7.25
样点 32	118° 43' 6.019" E	38° 1' 6.664" N	8.00	2.52	6.60
样点 33	118° 43' 4.877" E	38° 1' 13.547" N	7.90	2.84	7.20
样点 34	118° 46' 20.982" E	38° 1' 15.185" N	9.20	0.99	7.20
样点 35	118° 46' 20.557" E	38° 1' 11.071" N	8.20	2.45	6.82
样点 36	118° 45' 39.942" E	38° 3' 29.347" N	8.20	1.36	7.20
样点 37	119° 11' 15.847" E	37° 43' 6.794" N	7.70	2.60	7.06
样点 38	119° 10' 0.046" E	37° 44' 3.935" N	9.00	0.06	8.04
样点 39	119° 7' 20.374" E	37° 43' 12.267" N	8.00	2.44	7.45
样点 40	119° 7' 27.588" E	37° 43' 22.695" N	8.10	2.26	6.80
样点 41	119° 5' 17.933" E	37° 46' 39.145" N	8.00	2.44	6.70
样点 42	119° 0' 28.984" E	37° 48' 35.566" N	7.90	2.31	7.57
样点 43	118° 48' 21.940" E	38° 6' 54.030" N	8.50	0.16	8.30
样点 44	118° 48' 15.749" E	38° 6' 54.125" N	9.20	0.05	7.82
样点 45	118° 43' 26.293" E	38° 3' 23.853" N	8.50	0.21	7.77
样点 46	118° 43' 31.851" E	38° 3' 24.802" N	9.20	0.05	8.17

通过 6 月和 10 月水质对比，发现自然保护区湿地恢复区内水体盐度在春季普遍较高，主要原因在于此期蒸发量高于降水量，且无黄河淡水补给，水体盐度高，不利于湿地恢复区内淡水鱼类生存、繁衍，可能会对鸟类的食源造成影响。在日后的管理中，应考虑在春季人工引黄河水注入湿地恢复区，保证春季湿地恢复区内鱼类资源有适宜的生存环境。

4.1.1.3　引蓄黄河水补给湿地恢复区

2002 年 7 月 1 日黄河进行了首次调水调沙，至 2015 年，黄河已成功进行了 15 次（其中 2007 年 2 次）调水调沙。自然保护区每年 6 月或者 7 月引黄河水补给湿地恢复区，2015 年补水时间为 7 月 11~26 日，共补水 3067.3 万 m^3，其中，黄河口管理站向湿地湿地恢复区补水 1000 万 m^3，大汶流管理站向十五万亩湿地恢复区补水 867.3 万 m^3，一千二管理站向湿地恢复区补水 650 万 m^3，为四河（黄河故道）补水 550 万 m^3，保证了整个自然保护区湿地恢复区内充足的水量，为迁徙、繁殖的鸟类提供了重要的生境和食源保障。

4.1.2 化学指标监测

研究单位：

山东黄河三角洲国家级自然保护区管理局、北京师范大学 *

研究人员：

谢湉 *、牟夏、骆梦、朱书玉、张树岩、张希涛

监测区域：

黄河三角洲保护区位于山东省东营市东北部黄河入海口处，包括现在的黄河入海口和 1976 年改道后的黄河故道入海口，面积 15.30 万 hm^2，是一个陆相弱潮强烈堆积性的河口，其特点是水少沙多，泥沙大部分不能外输。黄河口地下水及地表水水文水质受潮汐波动影响明显，海洋潮汐和受其影响的海岸带湿地水文情况具有复杂的周期性变化和趋势性变化。2015 年主要进行以下野外监测实验：

实验 1．黄河口北岸浮桥北侧土壤水分及盐分梯度

实验 2．黄河口北岸

实验 3．黄河口缓冲区至核心区

监测目的：

黄河口水体常规水质监测、滨海湿地水盐监测及近岸重金属浓度监测

监测和分析方法：

实验 1．选取黄河口北岸位于湿地自然保护区的盐沼湿地，沿垂直于海岸线方向上，设置 1 条样带，在该样带上根据典型植被的条带状分布特征选取了 5 个样地，每个样地布置 4 个移植区（图 4-4），1 个裸地区，1 个自然植被生长区，每个试验小区面积为 2m×2m。试验持续 5 个月时间（5~10 月），采集一次退潮时的土壤样品，监测土壤盐度、含水率。

实验 2．沿黄河口盐度变化布设 7 个监测站点，对水深、水体溶氧、水温、pH、盐度、浊度、活性磷、氨氮、硝酸氮、亚硝酸氮、COD 等指标进行监测基础上，并着重监测分析了 A~D 四个

站点（图4-5）。其中，A、B、C三站点均位于宽阔的河道内，四周均为明水面、无挺水植物；D点位于距离海堤约2km近海岸处。选取4月和5月（春季）、6月和8月（夏季）、9月和10月（秋季）作为监测时段，其中4~6月为水文脉冲前，8~10月为水文脉冲后。选取监测站点水深为1m处水体为代表。

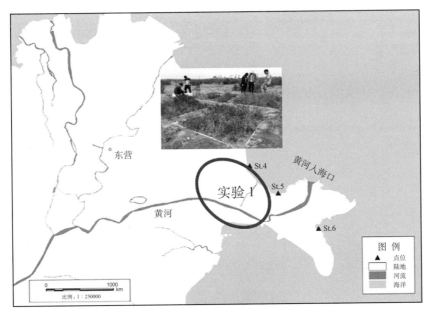

图4-4　实验1监测点位

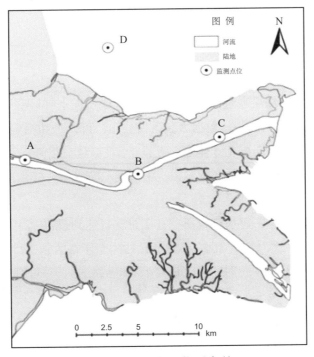

图4-5　实验2监测点位

实验 3. 选取黄河口南北岸海草栖息地近海水域,设置 3 条监测断面,每个断面分为近岸、中岸、远岸 3 个岸段,每个断面的每个岸段中间为中点,各向两端 25m 处设置样带,在 50m 样带上没 10m 随机选取了 1m×1m 样方,混合均匀代表该站位平均水平。采集混合水样,监测水质中重金属含量(图 4-6)。

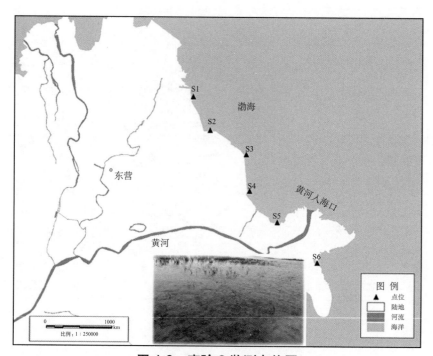

图 4-6   实验 3 监测点位图

监测结果与分析:

4.1.2.1   野外样地关键环境要素分布情况

对盐度和淹水频率的监测结果表明(图 4-7),由陆向海方向上(1 号样地至 5 号样地),淹水频率逐渐增大,土壤盐度先增大后减小。根据水盐条件分布,可以将盐沼湿地分为高高程(1 号样地至 3 号样地)和低高程(3 号样地至 5 号样地)两部分:高高程盐沼淹水胁迫小,土壤盐度梯度大,植被分布主要受土壤盐度变化驱动;低高程盐沼土壤盐度和淹水条件变化都较大。

4.1.2.2   主要监测结果

从监测结果可以看出,7 月上旬水位较高,在 7 月 9 日达到最高 12.4m,其他时间水位稳定在 10～11m 之间。流量在 7 月上旬较大,且在 7 月 9 日达到全年最大值 2950m³/s。除 4 月 3 日至 6 月 12 日和 6 月 27 日至 7 月 20 日这两个时间段流量高于 500m³/s 外,其他时间流量都低于 500m³/s(图 4-8)。

由于河口受到周期性潮流的影响,河口盐度在不同月份表现出的昼夜变化有明显差异。在 4～6 月,潮水上涨河口出现淡盐水混合现象,水体会出现盐度迅速上升和迅速下降恢复到初始值的情况(如站点 C 在 4 月盐度可高达 29ppt),其中从站点 D 到站点 A 盐度波动范围越来越小,盐度上升时间根据每月涨潮时间而定。当8～10月流量增加（或流量超过500m³/s），水体盐度由淡水控制，各站点昼夜间盐度保持稳定，除了站点D位于海堤仍受到淡盐水的交替影响还会出现盐度波动。一般而言，盐度变化幅度由D点到A点逐渐减小。但是当流量足够大时（超过1500m³/s）站点A、B、C也会出现相同的盐度，如这3个站点在10月盐度均为0.35ppt，盐度变化印证了"黄河口洪水季节并无涨潮现象"（图4-9）。

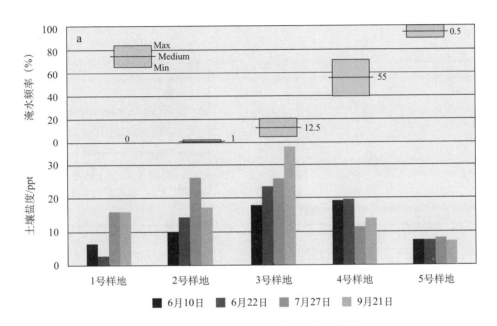

图 4-7　野外样地关键环境要素分布情况

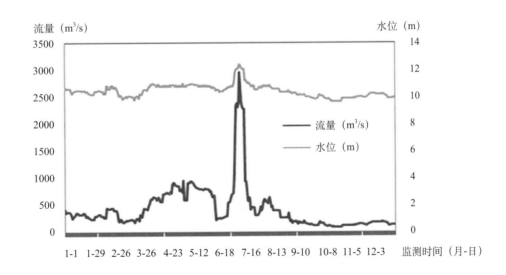

图 4-8　利津站水文数据图

数据来源：全国水雨情信息网 http://xxfb.hydroinfo.gov.cn/ssIndex.html

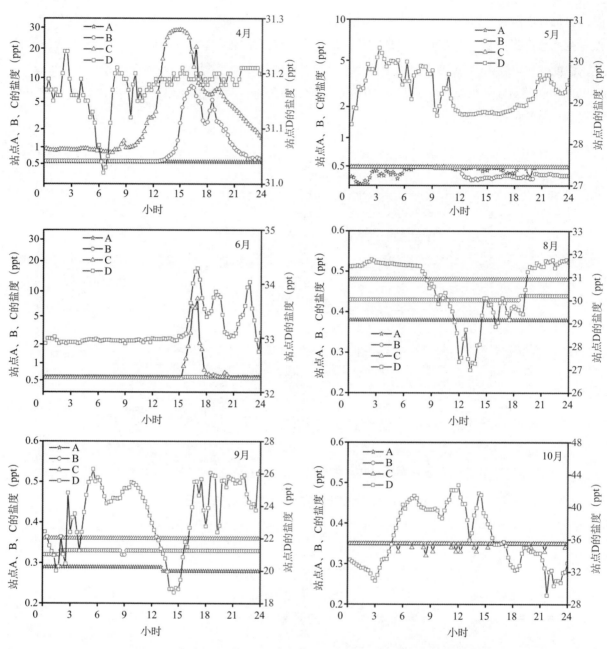

图 4-9 黄河口不同站点在不同月份的盐度昼夜变化代表图

河口 DO 含量、水温、叶绿素 a 和 pH，均表现出清晰的昼夜变化，且在低流量与高流量时期由于受潮水影响，其昼夜变化趋势不完全相同。由图 4-10（a）和（b）可以看出低流量与高流量时期水温和 DO 含量同步变化且均表现出类似正弦曲线的昼夜变化轨迹，DO 含量在白天随着水温的升高而增加，夜间随着水温的降低而减少。在 4 月夜间，盐水入侵时 DO 和水温降幅增加，并使得水体叶绿素 a 和 pH 明显减少 [图 4-10（a）中箭头所示]，在 10 月叶绿素 a 和 pH 昼夜变幅不大。另外，COD、DIN、DIP 及浊度这四个参数在盐水入侵时均表现出减小的趋势，当咸潮褪去后恢复到最初的水平 [图 4-10（c）]，而在高流量时期 COD、DIN、DIP 及浊度的昼夜变化并不明显 [图 4-10（d）]。

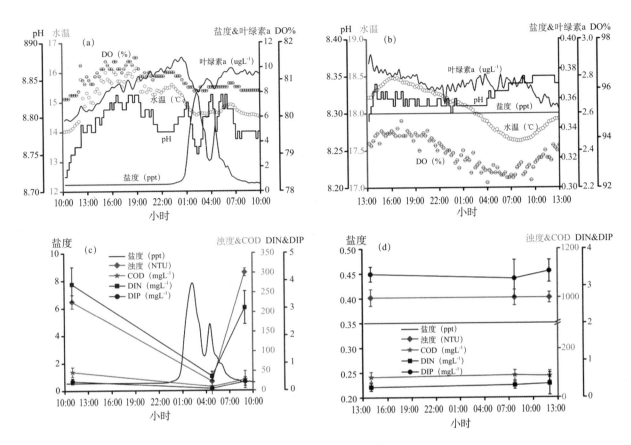

图 4-10　站点 B 监测结果

（a）和（b）分别为站点 B 在低流量时期和高流量时期水温、pH、盐度、叶绿素 a 和 DO 饱和百分数的昼夜变化代表图；（c）和（d）分别为站点 B 在低流量时期和高流量时期盐度、浊度、COD、DIN 和 DIP 的变化图

由此可见，黄河口咸水区 COD、溶解性无机盐(DIN 和 DIP)、浊度、pH 值及水温均显著小于淡水区。

4.1.2.3　水质监测结果

表层海水中监测结果表明，有海草点的重金属含量高于无海草点位，由于海草大多集中的南岸、As、Cu、Cd、Pb 和 Zn 显示出较高的浓度水平。Pb 在通过海洋一类水体水质标准的比对后显示出相对较高的生态风险（表 4-2，表 4-3）。

管理建议：

黄河三角洲保护区是我国沿海最大的新生湿地生态系统区域，海洋生物资源丰富，陆生生物种类独特，土地合理利用任务繁重，应按资源管理类型保护区的要求来进一步规划发展，使之成为 21 世纪生态发展文时代试验示范的基本单元，以适应时代发展的要求。

一是有计划地开展研究站和监测站的建立使科研监测工作，增加水文监测点位覆盖度及代表性，监测频次。

二是监测站从基本研究场所、信息中心、野外水文水质监测点、固定样地、样线和必需设备的建设，使野外实地调查和远程水文监控密切结合。

表4-2　研究区表层水体各重金属元素含量一览表

研究区	元素	单位	最大	最小	平均	均数 ± 标准差	水质标准
黄河口	Fe	μg/mL	0.92	0.02	0.24	0.24±0.26	—
	Zn	ng/mL	8.33	0.00	2.01	2.01±2.02	I
	Pb	ng/mL	2.43	0.18	0.66	0.66±0.59	I
	Mn	ng/mL	120.05	3.57	36.41	36.41±35.45	—
	Hg	ng/mL	0.14	0.00	0.01	0.01±0.03	I
	Cu	ng/mL	4.52	0.98	1.87	1.87±0.84	I
	Cr	ng/mL	2.21	0.28	0.77	0.77±0.53	I
	As	ng/mL	13.65	0.59	1.83	1.83±2.76	I
	Cd	ng/mL	1.00	0.15	0.34	0.34±0.30	I

表4-3　黄河口地区海草与无海草监测点表层海水中重金属元素浓度对比单位 (ng/mL)

	无海草区		海草区		水质标准 *
	均数 ± 标准差	范围	均数 ± 标准差	范围	
As	1.14 ± 0.48	0.59 ~ 1.48	1.41 ± 0.10	1.32 ~ 1.51	20
Cd	0.24 ± 0.02	0.22 ~ 0.26	0.83 ± 0.21	0.61 ~ 1.02	1
Cr	0.49 ± 0.18	0.38 ~ 0.70	1.31 ± 0.35	0.91 ~ 1.52	5
Cu	1.20 ± 0.29	0.98 ~ 1.52	3.11 ± 0.68	2.35 ~ 3.66	5
Hg	1.20 ± 0.29	0.006 ~ 0.15	0.01 ± 0.00	0.01	0.05
Pb	0.35 ± 0.19	0.18 ~ 0.56	1.60 ± 0.28	1.29 ~ 1.84	1
Zn	1.22 ± 0.74	0.79 ~ 2.08	5.66 ± 2.81	3.45 ~ 8.82	20
Mn	22.60 ± 14.60	8.0 ~ 37.2	80.50 ± 20.99	57.33 ~ 98.24	—

* 水质标准参照国家海水水质一级标准。

三是科学管理并严格控制油田采油废水等污染源随意排放至河口水体，加强海上监控及完善应急预案建设。

4.2　湿地土壤重金属监测

调查单位：

北京师范大学 *、山东黄河三角洲国家级自然保护区管理局

调查人员：

卢琼琼 *、许加美、朱书玉、张树岩、张希涛、毕正刚、付守强、盖勇、杨宇鹏、王学民、牛汝强、王伟华

调查时间：

2015 年 4 月和 10 月

监测区域：

研究区域分别位于黄河现行河道的北岸和南岸，呈东南—西北走向的盐地碱蓬、柽柳和芦苇群落交错分布区内（图 4-11，图 4-12）。

监测目的：

由于黄河南岸和黄河北岸湿地处于不同的水位交错带上，氧化还原条件变化强烈，影响了硫的含量和存在形态，进而影响到硫在整个湿地生态系统中的迁移转化，从而使硫循环过程发生改变或受到影响。另外滨海湿地受损后，土壤结构和理化性质会发生变化。盐度作为影响湿地生物地球化学过程和功能的重要因素，对湿地土壤中重金属的分布和生态毒性具有重要影响。

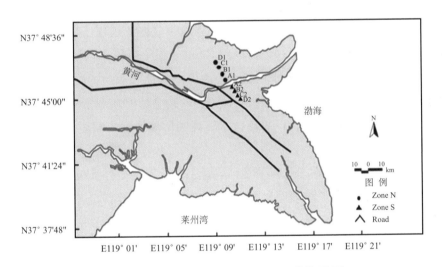

图 4-11 土壤理化指标研究区域位置图

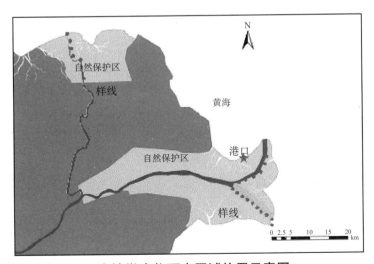

图 4-12 土壤微生物研究区域位置示意图

而且黄河三角洲是典型的寡营养型三角洲，因此，微生物在湿地营养元素固持和生态系统平衡中扮演着不可忽视的重要角色。与自然演化过程相比，人类活动是影响黄河三角洲湿地演化的重要驱动力，对湿地土壤营养元素和微生物空间分布和群落结构组成产生了一定影响。

监测和分析方法：

每个区域的样带均设置4个采样点。于春季和秋季共2次分别在南岸和北岸选择裸地（B）、柽柳湿地（T）、盐地碱蓬湿地（S）和芦苇湿地（P）四种样地，采集0～10cm、10～20cm、20～40cm、40～60cm、60～80cm和80～100cm深度的土壤样品。测定土壤中重金属含量、土壤理化指标，进行分析（图4-13）。

在黄河故道，新黄河入海口和自然湿地中的人为影响区域分别设置样线，进行土壤样品采集，分析主要包括：土壤基本理化性质、土壤微生物组成、土壤微生物活性。

监测结果与分析：

对于黄河北岸来说，样点A1和B1的表层土壤硫含量最低（图4-14），可能与黄河水的侧面渗透有关，导致土壤总硫含量较小。样点C1和D1的盐地碱蓬群落表层土壤硫含量最高，可能与临近潮沟的海水输入有关。对于黄河南岸来说，样点B2的表层土壤硫含量稍高（图4-14），可能是由于在较高的土壤含水量条件下，嫌气还原状态使还原硫的专性厌氧菌如脱磷弧菌属进行厌氧呼吸，使硫酸盐发生还原反应生成0价和-2价的硫，Fe^{2+}和S^{2-}结合成FeS和FeS_2，从而把海水中的硫酸盐固定，而湿地植物吸收了硫酸根后，以总硫含量较高的枯落物形式归还土壤，从而使土壤中总硫含量大大增加。

黄河三角洲滨海湿地土壤总硫的分布同有机质含量、总碳、总氮含量和盐度显著相关，一般有机质含量高的土壤，总硫含量也较高。有机质中，氮和硫官能团含量较高，这可能是土壤总硫含量与有机质和总氮关系密切的原因。总硫与土壤黏粒含量呈显著正相关，当土壤黏粒含量越多，比表面积就越大，对元素的吸附能力就强。总之，黄河三角洲滨海湿地土壤总硫含量的分布主要受土壤有机质含

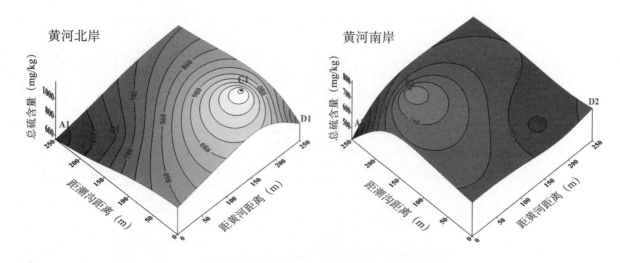

图4-14 黄河北岸和黄河南岸表层土壤硫的空间分布

量、总碳总氮含量、土壤粒径和盐度的影响。可以用土壤有机质含量粗略估计土壤的硫素状况。

重金属在0～30cm土壤中的平均浓度随着土壤盐度的降低而增长。除了Pb和Zn，重金属的最高浓度均出现在盐度最低的样点P。而Pb和Zn的最高浓度出现在盐度次低的样点S。相关性分析显示，除了Cr，重金属与pH值呈显著正相关，与盐度呈显著负相关。运用CCA分析对重金属的空间分布和环境因子之间的关系进行进一步探究。

该分析显示，Cl^-/SO_4^{2-}的比值决定了样点B中重金属的分布。在样点T，Na^+和Cl^-是最强的影响因素，而黏粒和粉砂粒含量及有机质含量控制着重金属在样点S的分布。

图4-15中地积累指数（Igeo）显示As、Cr、Cu、Pb和Zn在四个样地均没有呈现污染水平，但Cd在样点B、S和P表现出未污染至轻度污染的水平。总的来说，高的地积累指数出现在盐度较高的样点。由图4-16可知，在样点B和T，6种重金属的平均毒性单位值为Cr > As > Zn > Cu > Pb > Cd，而在样点S和P，这一顺序为As > Cr > Zn > Cu > Pb > Cd。四个样点的重金属毒性单位总和随盐度降低而降低。

与自然演化过程相比，人类活动是影响三角洲湿地演化的重要驱动力，对湿地土壤营养元素和微生物的含量变化、空间分布和相互转化产生了一定影响。一方面，黄河入海改道改变了原有的沉积环境，由于黄河改道，黄河故道已演化为潮沟，沿岸滩涂受海水周期性淹没影响，同时受到黄河入海携带地表营养盐的影响，复杂的环境对土壤中微生物的分布造成一定影响；另一方面，油井采油等活动改变了滨海湿地的土地利用方式和土壤的理化性质，加重了土壤旱化和盐碱化程度，使原有盐沼退化为光板地，影响到土壤微生物的活性，也影响到氮元素的矿化、硝化和反硝化过程，使土壤中铵态氮、硝态氮和全氮的含量、分布和转化发生改变。因此，湿地氮循环不但影响着生态系统的结构和功能，并且在一定程度上决定着湿地生态系统的演化方向。在人类活动的影响下，湿地氮循环生物地球化学过程受到强烈干扰，而对于环境因子的改变，土壤微生物在群落组成和功能选择上会做出相应响应（图4-17，图4-18）。

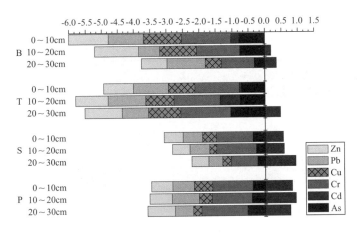

图 4-15　6种重金属地积累指数值

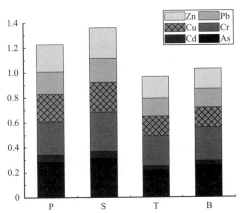

图 4-16　6种重金属毒性单位值

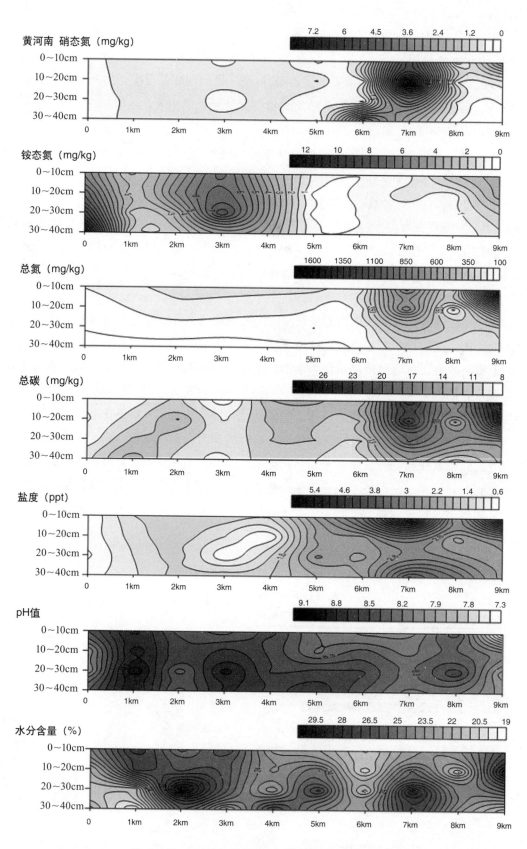

图 4-17　黄河南岸故道土壤营养盐含量分布图

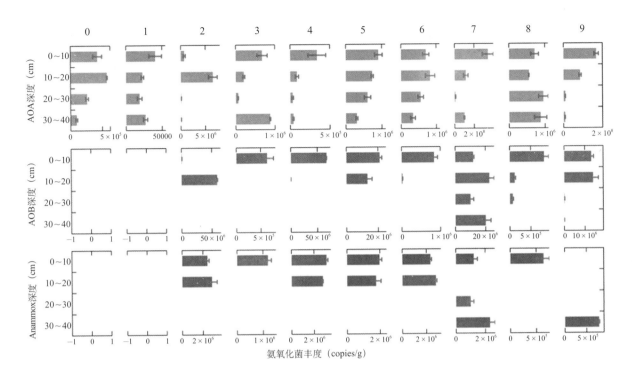

图 4-18　黄河南岸故道土壤氨氧化微生物丰度

管理建议：

该研究表明黄河三角洲滨海湿地土壤总硫的空间分布是由水文条件、土壤盐分、质地和植物综合作用的结果。因此，通过适当的改善土壤质地，可以使其更有利于吸附营养元素。在盐碱化的区域，建议可以引蓄黄河水恢复地表径流循环，增加湿地水量进行洗碱脱盐，形成具有一定面积和深度的水域，并且形成以芦苇为优势品种的水生植物群落，因为芦苇的有机残体可以阻滞水流，从而降低流速，减少流水携沙能力，使泥沙沉积，增加土层厚度和土壤养分含量。

盐度是影响土壤重金属分布的重要因素。在排干水的湿地，重金属的平均浓度沿着下降的盐度梯度呈现增长趋势。由于根系吸收和有机质的影响，六种重金属的剖面分布与盐度梯度呈现出不同的趋势。高的地积累指数值和毒性单位值出现在盐度较低的样点。

考虑到湿地排水造成的盐度变化，在实施排水工程或者修复排干水的湿地时应该采取相应的措施来防止重金属污染加剧。在高盐度的环境中，重金属具有较大的移动性，因此，盐土中重金属污染较难修复。淡水输入已经被证明是降低土壤盐度和修复受损湿地的重要措施。

就湿地管理而言，了解不同类型湿地土壤微生物在生物地球化学循环中扮演的角色，对于评估湿地健康和湿地恢复具有指示作用。我们在盐地碱蓬和柽柳盐沼区域土壤调查中发现，该区域氨氧化微生物丰度较高，活性较高，是黄河三角洲湿地中氨氧化反应的活跃区域，是氮循环中关键步骤的主要限速者。虽然黄河三角洲是典型的寡营养型湿地，但其在湿地生态系统氮循环中也扮演着不可忽视的重要角色，对于淡水恢复，人类活动造成的盐沼湿地退化，造成的氮循环过程效应的改变应进行重新评估。

4.3 潮汐湿地气象监测报告

调查单位：

中国科学院烟台海岸带研究所*、山东黄河三角洲国家级自然保护区管理局

调查人员：

韩广轩*、王学民、张树岩、张希涛、毕正刚、付守强、王立冬、冯光海、王学民、许加美、王伟华

研究区域：

气象监测在中国科学院黄河三角洲滨海湿地生态试验站的潮间带观测场 (37° 46'54" N, 119° 9'41"E，海拔 3～5m) 内进行，此观测场位于山东省黄河三角洲国家级自然保护区黄河口管理站。研究区属于典型的暖温带半湿润大陆性季风气候，年平均气温 12.9℃。最暖的 7 月平均气温 9.8℃，最冷的 1 月平均气温 -14.8℃。年平均日照时数 2590～2830 小时，年平均无霜期 211 天，多年平均降水量 551.6mm，年平均蒸散量 750～2400mm。年内降水主要集中在 6～9 月，最大蒸发量主要集中在 4～6 月。年平均风速 2.98m/s，且常年盛行东北风与东南风。

监测目的：

通过气象中的降水、温度、辐射、风速等因素的变化，揭示湿地各个环境因子对湿地的影响，对湿地的保护与科学管理提供基础数据，更好地促进黄河三角洲湿地资源的可持续利用和长久发展。

监测与分析方法：

气象观测系统监测的气象要素包括：风向和风速、空气温度和湿度、净辐射、土壤温度、土壤湿度和降雨量。其中，净辐射传感器 (CNR4, Campbell Scientific Inc, USA) 的辐射探头安装在小气候观测塔约 1.7m 东西走向的支架上；2m 处的空气温湿度传感器 (HMP45C, Vaisala, Helsinki, Finland)；5cm、20cm 处分别埋藏 1 个土壤温度传感器，10cm 处埋藏两个土壤温度传感器 (109SS, Campbell Scientific Inc., USA)；5cm、10cm、20cm、30cm 处土壤含水量传感器 (EnviroSMART SDI-12, Sentek Pty Ltd., USA)；自动雨量计 (TE525, Texas Electronics, Texas, USA) 固定于地面以上 0.7m 处。微气象观测系统原始数据采样频率为 10Hz，通过数据采集器 (CR1000, Campbell, USA) 在线采集并按 30 分钟计算平均值进行存储（图 4-19，彩图见文后彩插）。

监测结果与分析：

2015 年，黄河口潮间带的净辐射全年的日均波动值为$-20～240\,\mu\,mol/(m^2 \cdot s)$，日均最大值最出现在 6 月 $[230.2\,\mu\,mol/(m^2 \cdot s)]$，日均最小值出现在 1 月 $[17.4\,\mu\,mol/(m^2 \cdot s)]$。在 4 月降水较多，净辐射连续三天超过 $150\,\mu\,mol/(m^2 \cdot s)$。全年日均气温为 14.2℃，最高气温 30.3℃，最低气温为 -6.7℃。7 月、8 月降水较少，日均温波动较小，温度较高。11 月风速的日均最大值为 10.9m/s，最小值为 0.2m/s，其中 52 天中风速为 0.2m/s。全年的日均风速为 3.2m/s。年际内的降水变化差异较大，降水主要集中在 8 月 (137.2mm)、9 月 (177.8mm) 中，而 6 月 (26.9mm)、7 月 (34.8mm) 降水

图 4-19　黄河口潮汐湿地气象观测系统

量较少。全年相对湿度波动范围较大，日均最小值为 37.1%（3 月），最大值为 95.0%（11 月）（表 4-4，图 4-20）。

管理建议：

加大对湿地气象指标的分析利用，以便于科学管理湿地。温度是影响植物生长发育的重要环境因子，降水量的多少直接关系湿地面积的变化，对湿地植被的覆盖有重要影响。及时了解湿地环境因子的变化，有利于在极端恶劣天气状态下根据湿地现有状况及实际情况及时寻找应对措施，缓解对湿地的破坏。

表 4-4　2015 年黄河口潮汐湿地气象要素特征

气象要素	月份										
	1	2	3	4	5	6	7	8	9	10	11
日均最低温度（℃）	-2.9	-4.3	-0.3	4.3	11.2	20.6	19.1	23.5	17.8	8.7	-4.8
日均最高温度（℃）	2.6	6.1	14.3	23.1	25.5	26.9	30.9	29.6	24.5	21.0	14.0
平均温度（℃）	-0.3	1.0	6.8	12.8	19.4	23.4	26.9	26.5	21.9	15.8	6.2
降雨量（mm）	7.6	6.1	1.3	74.7	15.0	26.9	34.8	137.2	177.8	3.8	72.9

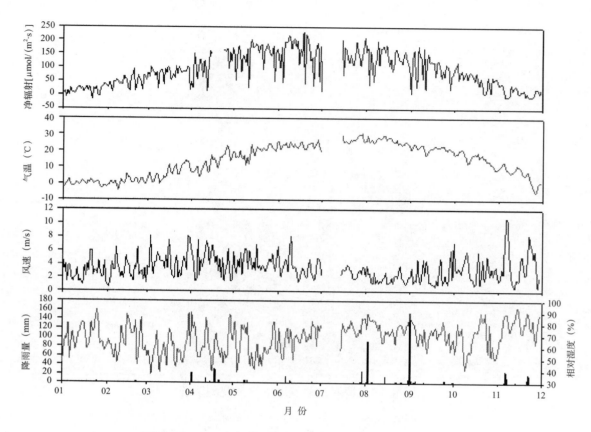

图 4-20　2015 年黄河口潮汐湿地气象要素变化特征

4.4　潮汐湿地水文监测报告

调查单位：

中国科学院烟台海岸带研究所 *、山东黄河三角洲国家级自然保护区管理局

调查人员：

韩广轩 *、张树岩、张希涛、毕正刚、付守强、崔玉亮、王立冬、冯光海、张洪山、杨宇鹏、赵亚杰

研究时间：

2015 年

研究区域：

水文监测在中国科学院黄河三角洲滨海湿地生态试验站的潮间带观测场 (37°46′54″ N，119°9′41″ E，海拔 3～5m) 内进行，此观测场位于山东黄河三角洲国家级自然保护区黄河口管理站。黄河口海区底部坡度较小，平均比降 0.1‰，大部岸段的潮汐属不规则半日潮，每日 2 次，每日出现的高低潮差一般为 0.2～2m，大潮多发生于 3～4 月和 7～11 月，潮位最高超过 5m。

研究目的：

湿地水文是认识湿地生态系统特征以及区分湿地类型的前提，监测湿地水文动态能更好地了解湿地生态环境的变化，对湿地健康环境做出科学评价，同时以在线水文监测数据为依据，分析湿地全年的水文状况、潮汐变化，对湿地科学管理提供数据支撑，同时为黄河口湿地保护和合理利用提供科学依据。

监测和分析方法：

黄河口潮汐湿地水文观测系统包括潮位仪和流速仪，安装在潮间带一条潮沟内，距离微气象观测系统 500m，监测指标主要潮汐水位、流速大小和方向。TideMaster 潮位仪设计用于高精度高稳定性的短期或长期潮位测量，主机原始采样频率为 8Hz，连续工作模式为 1Hz。流速仪设备主要包括 3.2cm 直径球形电磁流速仪主机（不锈钢水下仪器舱）、运输箱和带 10m 电缆的数据接线盒，主机原始采样频率为 1Hz（图 4-21）。

图 4-21　黄河口潮汐湿地水文观测系统

监测结果与分析：

在 2015 年 5 月 29 日到 11 月 30 日观测期间，在 6 月 7 日时，潮间带潮流平均流速达到最大值为 0.51m/s，在 11 月 27 日时，平均流速出现最小值为 0.0095m/s，全年的平均流速为 0.1m/s。每个月都会出现不同程度的波峰和波谷，可能与天文潮汐有关。6 月，日平均流速最小值为 0.029m/s；7 月，日平均流速最小值为 0.027m/s，最大值为 0.25m/s；8 月，日平均流速最小值为 0.048m/s，最大值为 0.35m/s；11 月，日平均流速最大值为 0.39m/s。6 月的流速波动变化最剧烈，7 月波动曲线的变化较为平缓。11 月的日平均变化较 8 月流速波动范围更大（图 4-22）。

管理建议：

潮汐及其所引起的水位、盐度等水文过程控制着滨海湿地的形成、维持与演化，是塑造湿地生态系统结构与功能以及湿地景观格局动态特征的重要驱动力。由于黄河口海区底部坡度较小，平均比降 0.1‰，海陆交界线随着潮水涨落摆动距离大，致使海上潮位观测十分困难，实测资料较少，因此，应加强黄河口滨海湿地潮汐水文过程的监测，及时获取湿地水动态信息，为湿地保护和合理利用提供数据支撑。

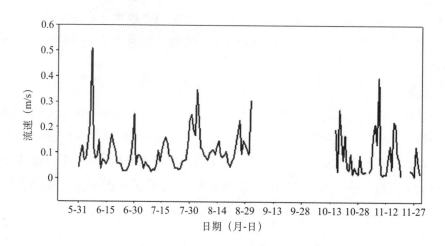

图 4-22　2015 年黄河口潮间带潮流流速变化特征

4.5　潮汐湿地植被监测报告

调查单位：

中国科学院烟台海岸带研究所 *、山东黄河三角洲国家级自然保护区管理局

调查人员：

韩广轩 *、崔玉亮、牛汝强、许加美、张洪山、杨宇鹏、张树岩、毕正刚、付守强、王伟华

研究时间：

2015 年

监测区域：

植被监测在中国科学院黄河三角洲滨海湿地生态试验站的潮间带观测场 (37°46'54" N，119°9'41" E，海拔 3～5m) 内进行，此观测场位于山东黄河三角洲国家级自然保护区黄河口管理站。植物群落组成简单，以盐地碱蓬为优势种，伴生有柽柳和芦苇。观测场地形平坦，植物群落生长茂盛、外貌整齐，盐地碱蓬茎、叶呈现紫红色，植被高度在 20～27cm，总盖度 30% 左右。盐地碱蓬为一年生草本植物，4 月为生长初期，7 月开花，9 月底成熟，11 月衰败。

监测目的：

采用统一、规范的调查方法，对植物群落的整体现状（包括群落类型及物种组成、高度、盖度、叶面积指数和生物量等）进行连续定位监测，掌握群落优势种的生态属性，分析群落与环境的相互关系，并对群落现状和发展趋势进行评估，为生物多样性利用和保护、土地利用状况的监测、生态系统管理等提供基础资料。

监测和数据处理方法：

在植物生长季（每年的 4～10 月），每隔 15 天进行一次黄河口盐地碱蓬植被调查，调查包括植株的高度、盖度、株数、鲜重、干重、叶面积。在离盐地碱蓬湿地气象塔一定距离处，约与主风向垂直的盐地碱蓬样带上布设样点，潮间带在于潮沟垂直的样带上，约每隔 10m 取一个 50cm×50cm

样方，共计 5 个样方。测量平均株高，估算盖度后，采集完整植株，并把地上部分与地下部分剪断分开装入纸袋，每次取样样带较上一次平行移动即可。把收集的植物样品称鲜重后，放在 105℃ 恒温烘箱内杀青 1 小时，然后恒温在 80℃ 烘干至恒重后称干重，单位取 g/m²。

监测结果与分析：

2015 年，植物生物量的调查从 5 月初开始到 10 月底结束。5～6 月，盐地碱蓬生长迅速，到 7 月左右高度达到平缓期，增长缓慢，到 10 月植株达到最大高度为 27.6cm。叶面积指数在植物生长阶段初期不断增大，达到最大值为 0.24（7 月 15 日），之后叶面积指数出现不断下降趋势（图 4-23）。在盐地碱蓬生长初期，株高和叶面积处于同步增长阶段，当植株叶面积指数到达最大值后不断减小时，植物高度增长缓慢。植物枯萎期，其高度和叶面积指数的变化同步。而植物的地上生物量随着植物生长不断增大，盐地碱蓬地上生物量的最大值为 104.80g/m²，植株地上生物量达到一定重量后，波动变化较小，植株生长后期处于枯萎阶段时，其地上生物量不断减小。

管理建议：

合理布局湿地植被动态监测，因地制宜选择典型观测场。根据黄河口湿地的实际情况，结合黄河口湿地国家现有湿地评价标准和规范，合理布置地的观测场，更能积极有效地获取准确的湿地植被动态信息，为湿地保护和修复提供数据支撑。

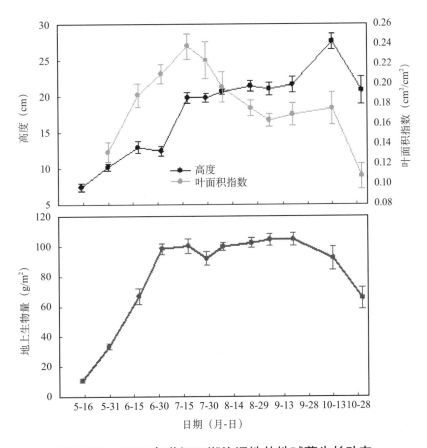

图 4-23　2015 年黄河口潮汐湿地盐地碱蓬生长动态

5

湿地渔业资源监测

调查单位：

山东黄河三角洲国家级自然保护区管理局、山东省淡水渔业研究院 *

调查人员：

李秀启 *、朱书玉、王伟华、赵亚杰、王立冬、冯光海、杨宇鹏、张洪山、毕正刚、付守强

调查时间：

2015 年 12 月 18 日，山东省淡水渔业研究院对黄河三角洲自然保护区芦苇湿地环沟内的渔业资源情况进行了调查，目的是通过分析保护区内鱼类资源状况，为保护区鸟类摄食和湿地生态多样性保护工程建设提供基础数据。

调查区域：

调查区域位于自然保护区五万亩湿地内，进区路西芦苇沼泽区域，此区域目前生长大面积芦苇，大水面区域较少，主要是路侧深水沟，调查期间主要采样区域为路侧水面。

调查方法：

由于调查时间在冬季，鱼类在环沟内越冬，采用渔船沿环沟电捕方式，捕获距离约 2.0km，考虑到环沟宽度在 3～5m 之间，实际电捕覆盖面积大约为 $750 \times 3 + 1250 \times 5 = 8500 m^2$。

调查结果：

5.1 基本情况

本次调查共采集鱼类 10 种，为乌鳢、鲤、鲫、草鱼、鳙、赤眼鳟、鲇、鳊、麦穗鱼、鲦鱼。渔获物总重量 102.45kg，资源密度为 $12.05kg/m^2$。主要经济鱼类有乌鳢、鲤、鲫，按重量计，乌鳢占 76.13%，其次为鲫 10.54%、鲤 4.14%、草鱼 2.44%（图 5-1）。

5.2 分析讨论

本次渔获物调查群落结构分析表明：湿地内大型鱼类数量和比例较高，中上层小型鱼类鲦鱼、鳊、麦穗鱼数量和所占比例极小。乌鳢为绝对优势种，共有 70 尾，重量为 78.2kg，体重集中在

0.42~2.85kg 之间，体长范围集中在 31~62cm，最大个体为 2.85kg，体长 62cm；体长与体重关系式为：$y = 0.08e^{0.058x}$（$R^2 = 0.919$）（图 5-2）。其次为鲫，共计 54 尾，平均体重 0.2kg；草鱼体长 55.5cm，体重 3.02kg。

从生态类群上看，乌鳢属于凶猛的肉食性鱼类，处于湿地水域食物链的最高营养级，并且乌鳢属于产黏性卵的鱼类，可以在湿地环境中大量繁殖，由于大量捕食湿地内小型鱼类，控制了鲦鱼、似鳊、鳊等中上层鱼类种群的发展，从而与鸟类构成食物竞争，影响了鸟类的摄食和栖息。在水产养殖和湖泊鱼类管理中，乌鳢作为一种害鱼，也对其种群进行限制的，因此，为保护湿地生物多样性和鸟类栖息摄食建议实施人工清除（图 5-3，彩图见文后彩插）。

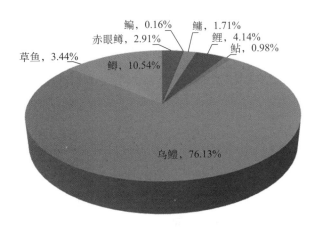

图 5-1　芦苇湿地渔获物所占比例

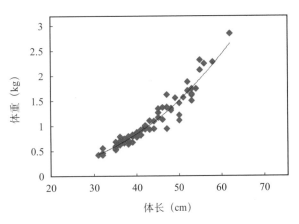

图 5-2　乌鳢体长与体重关系

图 5-3　湿地恢复区取样

6

湿地底栖动物监测

调查单位：

北京师范大学 *、山东黄河三角洲国家级自然保护区管理局

调查人员：

蔡燕子 *、张学志、牛汝强、许加美、王学民、王立冬、张洪山、冯光海、杨宇鹏、程海军、赵亚杰

调查时间：

2015 年 2~10 月

调查区域：

监测区域主要包括以下区域：黄河口生态旅游湿地植物园区域、黄河口旅游港、黄河口生态旅游区游客服务中心、黄河口生态旅游区生态停车场、保护区一期建设项目湿地野外试验站、清八河段（或黄河现行入海河段）、黄河口鸟类救护科普中心、中国科学院黄河三角洲滨海湿地生态试验站和农业环境科学观测试验站。我们根据当前监测区域，主要根据保护区内的工程建设项目类别以及建设初衷，并结合黄河三角洲国家级自然保护区管理局的划分标注，将项目区域分为自然保护区和科普教育区域，对应区域进行了调查数据的统计分析。

监测目的：

大型底栖动物作为敏感指标生物，是湿地生态系统的关键组成部分，在维持生态系统平衡、保护物种多样性、为鸟类和鱼类提供食材等方面具有不可替代的重要作用。在自然以及人为活动的双重压力下，大型底栖动物群落结构、物种丰富度等发生快速且复杂的变化。尤其是人为压力对大型底栖动物的群落组成及特征造成极大的影响，有些甚至威胁到大型底栖动物的生存。通过监测，从长时间序列上揭示自然保护区内大型底栖动物生物群落结构变化。

监测与分析方法：

大型底栖动物调查样点布设基本与植被调查样点保持一致，滩涂区域采用 0.3m×0.3m×0.2m 的铁框，水域部分采用 0.25m² 抓泥斗进行采样。大型底栖动物鉴定到种，生物多样性计算采用一贯的香浓多样性指数。

监测结果与分析：

6.1 科普教育区域底栖动物多样性分布

本地重点评价区野外实地调查的底栖动物分属环节动物、节肢动物、软体动物3个门，其中，环节动物3目3科6种，节肢动物7目9科22种，软体动物1目2科3种。重点评价区内底栖动物多样性总体较低。鸟类科普园和湿地植物园区域底栖物种数最多，分别有12种和10种，湿地植物园的附属设施区域和科普走廊物种数较低。从多样性指数看，鸟类科普园的底栖多样性最高，达到3.09；其次为湿地植物园的附属设施区，多样性指数为2.32；湿地植物园和科普走廊分别为1.94和1.83。由此可以看出，鸟类科普园底栖动物种类最丰富，多样性最高（表6-1）。

表6-1 科普教育区域野外实地调查底栖生物调查统计

样地	物种数	总数	多样性
植物园	10	175	1.94
附属设施	5	5	2.32
远望楼	8	25	2.65
鸟类科普园	12	26	3.09
科普走廊	5	28	1.83

6.2 自然保护区内底栖动物多样性分布

自然保护区内采集到的大型底栖动物绝大多数为广布性种类，如颤蚓、摇蚊属等。有的种类对生境有一定选择性，例如长跗摇蚊、隐摇蚊、多距石蚕和纹石蚕等栖息在流动水中，对水中含氧量要求较严格。水平空间上，由入海口向内陆延伸过程中，软体动物种类逐渐减少且80%以上分布在低潮滩；环节动物表现为水生植物群落＞中生植物群落＞旱生植物群落；节肢动物由甲壳纲动物向昆虫纲动物过渡大型底栖动物群落的种数、生物量、多样性指数均表现为水生植物群落＞中生植物群落＞旱生植物群落，均匀度指数和丰富度指数表现为中生植物群落＞水生植物群落＞旱生植物群落。垂直空间上，95%的种类和个体都分布在0~20cm土层范围内，且表聚性非常明显。自然保护区底栖动物多样性分布如图6-1（彩图见文后彩插）所示。自然保护区底栖动物分属环节动物、节肢动物、软体动物3个门，其中环节动物3目4科11种，软体动物3目4科7种，节肢动物11目16科50种。

本次重点评价区野外实地调查的底栖动物分属环节动物、节肢动物、软体动物3个门，其中，环节动物3目4科9种，节肢动物7目11科33种，软体动物2目3科5种。

调查中重点评价区底栖动物多样性总体较低。淡水补给工程黄河口恢复区底栖物种数最多，高达25种，多样性指数达到3.52。但个体总数不多，仅为91；其中旋螺的数量最多，达到31。瞭望塔样区物种数和多样性指数均处于较高水平，分别为19和3.72，多样性在整个调查范围内最高。黄河沿

图 6-1　底栖动物多样性分布

岸和鸟类救护中心物种数为 12，属于中等水平，多样性指数分别为 2.12 和 3.09。这两个样区内个体总数较低，仅为 27 和 26，各物种个数分布较为均匀。一期项目五万亩工程、湿地野外试验站以及大汶流湿地恢复区物种数接近，分别为 9、8、8，多样性指数为 2.46、2.60、2.33，也较为接近。3 个区域底栖动物优势种依次为摇蚊（数量 22）和中蚓虫（数量 20）、中华原钩虾（数量 7）、中蚓虫（数量 13）。可见五万亩和南部湿地恢复区底栖动物群落最为接近。围栏区物种数为 9，与上述 3 个区域较为接近。由于围栏区位于淡水湿地恢复区的外缘，其多样性最低，仅为 1.50，但总数却是所有样地中最高的。围栏区优势种德永雕翅摇蚊数量达到 177，显著提高了围栏区的总数（表 6-2）。

管理建议：

为了降低工程项目对保护区大型底栖动物的影响，给出以下建议用于提高保护区保护工作的保护成效。

表 6-2　自然保护区野外实地调查底栖生物调查统计

项目编号	样地	物种数	总数	多样性	生物量（g/m³）
1	一期项目五万亩	9	77	2.46	1.24
	湿地野外试验站	8	20	2.60	0.08
	瞭望塔	19	46	3.72	1.18
2	围栏	9	252	1.50	5.84
3	黄河沿岸	12	27	2.12	0.83
4	鸟类救护中心	12	26	3.09	0.86
5	淡水补给工程黄河口恢复区	25	91	3.52	0.84
	大汶流湿地恢复区	8	22	2.33	0.74

（1）道路建设过程中，应当尽可能地增加切割班块间的生境连通廊道

生境廊道是促进基因交流、避免生物小种群灭绝的有效手段。然而自然保护区内部，由于物种之间的个体交流以及种群的自由扩散活动，生境廊道的构建能够有效地促进生物种群间的个体交流，同时也避免了由于物种穿越公路过程中产生的惊吓，或者事故性死亡事件的发生。同时，在构建生境廊道的同时，要尽可能地增加廊道内生物生境的适宜性比例，对于没有构建廊道的区域则需要增加生境廊道，已有的区域在充分考虑生物生境适宜性的同时不断进行改造并加以保护。

（2）控制科普区域的生态旅游客流量，且避免在生物产卵季节的高频次参观

不管生态旅游如何定义，在以前从未受到过外界干扰的地区开展旅游活动，势必会给环境带来一系列的影响。当在保护区开展生态旅游之后，旅游者和旅游环境就组成了一个整体的旅游生态系统，人是这个系统的有机组成部分，而非独立于环境之外。而自然保护区是由地貌、土壤、水文、气候、植被、人类活动等要素相互作用构成的结构、功能完整的复杂系统，生态旅游对其中任何一个要素的破坏超过了系统自我恢复的阈值，都会造成整个系统结构和功能的紊乱。生态旅游作为缓解保护区与周围社区矛盾的一种潜在的有效形式被越来越多的保护区所采用。虽然目前的研究还不够充分，但是通过对生态旅游的生态环境、社会经济影响评价发现，其实际效果与理论期望之间存在着很大差距。因此，在黄河三角洲国家级自然保护区发展的现实背景下，对待旅游发展和管理问题应该明智和慎重，既不能把旅游视为洪水猛兽，完全禁锢；又不能一哄而上，遍地开花。为此，有必要从多方面入手，做一些扎扎实实对自然生态环境有影响的旅游活动工作。

（3）水体中的构筑物建设，需要避免对珍稀特有生境以及生物多样性热区

对于临近水体，或者水体中的工程，则或多或少地影响到保护区内某些物种的生境条件，甚至有些区域则完全丧失了其生境，导致了生境破碎化。因此，对于部分或者完全失去功能的保护区域，可以考虑调整保护区范围，或者适当地增加人工辅助保护措施。根据野生动物对于自然生境的适应特点，部分生物栖息地和生物多样性热区可能会根据具体工程的位置而发生迁移。因此，工程构建前应尽可能地避免关键生物多样性热区以及生境迁徙通道的占用。对于工程建成后，应加强对珍稀特有生物迁徙动态和活动规律的监测，人为地增加保护，调整临近栖息地生境条件，尽可能地补偿现有损失的生境。

（4）加强保护区管理，制定更加严格的自然保护区管理规章

在整个施工期内，由建设单位委托的环保专职人员承担生态监理，自然保护区管理局应明确专人分工参与施工期的环境监理。制定相应的环保手册，对施工人员、施工区域、施工方式、施工时间进行有效指导。如禁止施工期大挖大建，防止施工车辆噪声污染，防止施工人员废物排放，避免在鸟类大规模迁徙时段施工等。运营期应该注意监督建设单位的生态保护措施是否到位，观察生态补偿措施效果；项目运营的时候，在候鸟迁徙高峰来临时应该关闭；自然保护区同建设单位应该定期对科普教育区域以及项目范围内的鸟类做专项监测。

（5）积极开展珍稀特有物种保护措施的科研与攻关工作

准确掌握保护区内珍稀特有生物以及新生湿地内物种的种群动态变化特征，是制定保护措施的重要科学依据。因此，有必要在工程建设前后分别对保护区内生物资源进行详细的调查，获得第

一手的生物群落结构与种群动态资料，为实施必要的保护措施与生态修复与补偿奠定基础。在被长期占用的区域根据其生物的生境栖息地环境特征，建立异地的生物栖息地再造补偿。同时加强珍稀特有生物生态学与生物学的基础研究，包括植被群落结构的竞争胁迫研究、珍稀生物救护技术、特有珍稀生物的人工增殖、保育技术等，为补偿措施的调整与完善、珍稀生物的有效救护效果评估等提供科学依据。建立黄河三角洲新生湿地以及珍稀生物生态信息管理与数据分析系统，以及标准的数据记录体系，安全高效地管理有关数据。从全局监测与定位人类工程建设与保护区内新生湿地与珍稀鸟类保护的关系，提出黄河三角洲珍稀物种保护的总体规划，针对具体工程的保护措施与实施次序建立科学决策系统。本次保护成效评估的目的是提高国家级湿地自然保护区的保护水平，结果将为自然保护区建设过程中的固有存在的设施构建提供借鉴。建议主管部门完善对保护区的宏观管理，促进保护区加强自身能力建设，逐步形成以保护区为核心、主管部门为引导、社会广泛参与的保护区保护成效保障体系，保障黄河三角洲国家级自然保护区的生态安全。

（6）加强生物保护监测工作与生态补偿措施的构建

由于缺乏可查询的基础资料，如保护区内各个区域内的动植物群落特征、濒危种类、生物生活习性、迁移特点、食物链特点以及生态系统特性等，评价者无法准确地判断道路建设对生态环境影响的关键因素，只能停留在宏观定性的分析上。由于保护区保护的目的是新生湿地以及珍稀濒危物种，所以保护与针对的补偿对象属于具有地域特征的生态系统以及重要的物种、群落。因此，要在宏观上做好监测，通过文献调查，收集有关地形、水质、动物、植物等资料。掌握自然环境的类型及主要的动植物群落的状况，生育、栖息地的环境特征。通过优化选择施工项目建设所能影响的生态环境类别，确定作为评价对象的生态系统，在充分掌握地域生态环境特征的基础上列出重点关注的动植物种和群落的名录，与生物栖息环境相对应的食物链特征、生态系统典型性和特殊性等。项目调查、预测的方法确定要强档并且有效。不仅要与所选定的地域生态系统的特性相对应，还要与重点关注的物种、群落的生态特性相适宜。根据现场勘查，对调查区域内的微地形、水体、植物群落类型及分布、动物个体及活动痕迹、鸣叫声等进行调查、确认。根据调查结果，对重点关注物种及群落进行重新判定。对于重点关注物种及群落的生息环境状况，重点关注物种、群落与其他动植物在食物链上的关系以及共生关系加以重新整理。

在经过调查监测之后，首先，对于施工构造相关的生物生息环境的消失、生存范围的缩小、重点关注物种及群落迁移路线的空间阻隔程度等要充分掌握。其次，对重点关注物种、群落的生息环境的变化以及伴随其变化对地域生态系统产生影响的程度，进行科学分析并参考类似案例进行定性、定量的预测。预测之后，在能够进行自我恢复的提出短期的生态补偿方法，在不能进行自我恢复的则进行必要的生境替代方案的设计，或者进行施工地点的重判识选择。因此，保护区需要建立一系列相应的补偿方法用于工程建设造成的生态过程以及生物服务功能价值的补偿，应该有规划地实施生物保护及生态补偿措施。人工建筑物的建设导致了鸟类栖息地的丧失，可以通过在鸟类生境适宜地范围内新增人工湿地，提供鸟类等生物的栖息地。

湿地相关研究

7.1　典型围填海活动对滨海湿地浅层地下水影响的研究

调查单位：

北京师范大学 *、山东黄河三角洲国家级自然保护区管理局

调查人员：

牟夏 *、王立冬、王学民、牛汝强、许加美、张树岩、张希涛、毕正刚、付守强、盖勇

研究时间：

2015 年 5～9 月

研究背景：

地下水过程作为湿地水文的重要组成之一，对滨海湿地生境具有重要影响，它可直接或间接改变滨海湿地营养物质的获取性、土壤盐渍度、pH 和沉积物特性等理化环境，影响物种的组成及丰度、初级生产力、有机物积累等，进而影响湿地类型、结构和功能。在高强度的人为影响下，滨海湿地地下水位、水质、区域地下水补排关系、地下水流时空格局等均受到不同程度的改变，破坏了滨海湿地结构的完整性，阻断了滨海湿地地下水水文过程的连续性，对滨海湿地生态环境造成威胁。

研究地点：

选择一千二自然保护区及其南部围填海区域为研究区（图 7-1）。

研究方法：

以均匀分布、涵盖不同围填海类型、涵盖不同植被类型、易观测且不易被破坏区域等原则，在一千二保护区及其周边区域建立 18 口地下水观测井，采用水位自动记录系统对观测井内地下水位进行监测，监测频率为每小时一次，监测时间为两年。

主要结果：

一千二保护区及其周边区域浅层地下水埋深较浅，大部分区域浅层地下水埋深均低于 3m；地下水位的季节变化特征为春季和冬季地下水位低，而在夏季和秋季地下水位高，这与夏季集中降水对地下水的入渗补给有密切关系（图 7-2）；浅层地下水位在空间上存在差异，主要表现在南部农田区地下水位低，而湿地区域地下水位高（图 7-3）。

对湿地保护与管理的启示：

地下水监测结果表明，在自然区域和围填海区域浅层地下水埋深存在差异，合理调控地下水水盐对于受损湿地的生态修复具有意义。对于自然区域应严格实行自然保育的方式，避免资源开发、工业建设及其他人类活动对地下水的影响，进而影响滨海湿地的生态功能；同时，应采取适当的措施抑制海水入侵或者降低地下水的盐度，减轻滨海区域的土壤盐渍化现象，有利于滨海湿地生态的修复。

图 7-1　研究区域位置示意

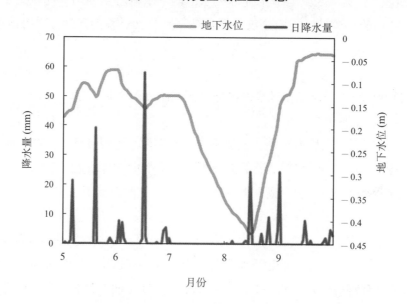

图 7-2　地下水位与降水量关系

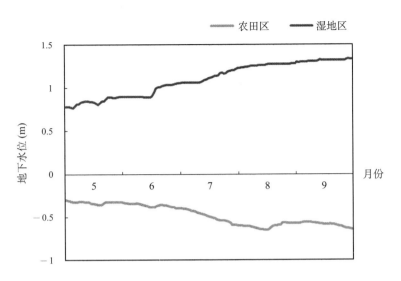

图 7-3　农田区与湿地区地下水位对比

7.2　典型滨海盐沼植物生命周期对人类干扰的响应研究

调查单位：

北京师范大学 *、山东黄河三角洲国家级自然保护区管理局

调查人员：

谢湉 *、冯光海、朱书玉、张树岩、张希涛、毕正刚、付守强、张学志、王学民、牛汝强、许加美

研究时间：

2015 年 6~9 月

研究背景：

盐生植物是潮滩湿地生态系统中的主要物种，其全部生命周期，如种子产生扩散、保留、出芽，以及幼苗成活和成熟时期，都会受到围堤的影响。其影响主要来自潮沟的堵塞以及随之改变的土壤条件，包括盐度、土壤含水率和沉积厚度等。

研究地点：

选择一千二自然保护区为自然区域，并在一千二保护区周边选取堤坝完全封闭的区域与窄口型不完全封闭区域（图 7-4，彩图见文后彩插）。

研究方法：

在区域内设定 500m × 500m 的网格，在每一个网格中布设样方对盐地碱蓬种群的整个生命周期进行观测，主要包括种子产生、种子扩散保留、种子出芽和幼苗存活等生命阶段，持续观测两年（图 7-5，彩图见文后彩插）。

主要结果：

在广口结构中，盐地碱蓬种子产量平均为 2250 粒 /m²，远高于封闭结构的 1549 粒 /m² 和窄口

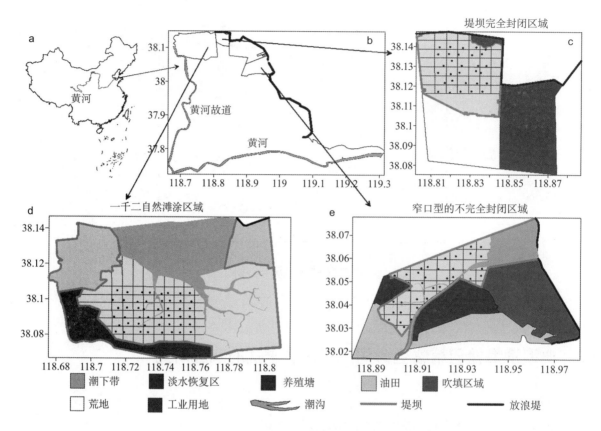

图 7-4　研究区域位置示意

图 7-5　种子库的采样与人工气候室的种子库萌发实验

结构的 1246 粒 /m²。但是表层种子库密度，以及种子库总密度在广口区域则要低于其他两个区域。然而这种不平衡的现象并没有延续到其他生命阶段。3 个区域下盐地碱蓬的幼苗和成株没有显著差异（图 7-6）。

　　只从盐地碱蓬成株密度这一最直观的表象来看，盐地碱蓬群落看似在不同的围堤结构中仍然是稳定的。从全生命周期的视角来分析，盐地碱蓬群落实则已经受到了潜在的影响。这不同集中体现在种子保留和出苗的严重不匹配上，主要源自潮沟阻隔和土壤因素的改变。在潮汐的干扰之下，

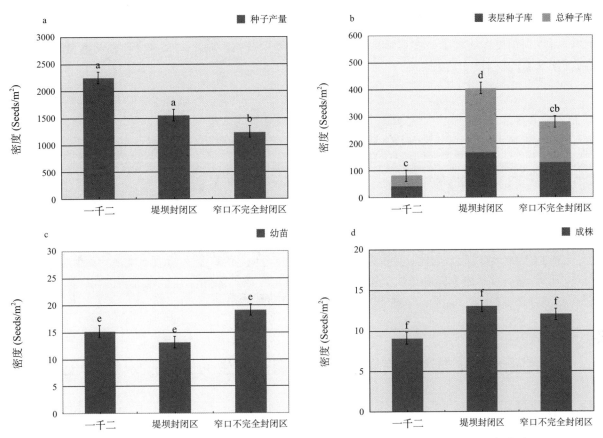

图 7-6 三个研究区中盐地碱蓬种群种子产量的分布密度（a），种子库分布密度（b），幼苗密度（c）和成株密度（d）。

注：图中柱子高度代表均值，误差棒为标准误差。

一千二滩涂上盐地碱蓬种群主要面临种子流失的威胁（流失率98%），种子保留严重不足。但是在完全封闭的堤坝区域，低出芽率（约8%）是其主要限制因素。而在窄口结构中，潮汐的扰动也得到了一定的消减，种子的保留率约10%，这与完全封闭的结构基本相当。同时，潮滩与海洋仍然保持了水文连通，因此，盐度、沉积厚度、含水率等土壤条件也与自然滩涂基本接近，保证了较高的种子出芽率，约16%。因此，窄口结构为追求最大保证湿地自然性的广口结构和高保护强度的完全封闭结构提供了一个成功的折衷与权衡。

对湿地保护与管理的启示：

对于湿地管理而言，健康湿地的保育与受损湿地的修复是两个主要的管理方面。我们的研究揭示了滨海围堤对盐地碱蓬种群不同生命阶段的影响，一方面指出辨识盐沼植物种群所受的潜在威胁需要从种群的全生命阶段进行观测研究，只对单一生命阶段（如成株）的普通观测很难得到充足的信息，来对潜在威胁进行提前预防；另一方面说明对于盐地碱蓬植物种群的保护主要在消减潮汐的扰动以及维持其生存的土壤条件。而对于受损盐地碱蓬种群的修复同样需要在不同区域采取不同的措施，需要"对症下药"才能取得良好的修复效果。在开放区域，如一千二自然滩涂，盐地碱蓬种

群受损的原因是潮汐扰动，因此通过调整地形，如增加坑洞、回流区、潮沟分叉，或者建造人工遮蔽物，可以保留更多的种子，达到修复的效果。而在堤坝区域，调整土壤条件，则是最有效的恢复措施（图 7-7，彩图见文后彩插）。

图 7-7　由左向右依次为盐地碱蓬退化区域，自然滩涂上盐地碱蓬群落与
堤坝围隔区良好的盐地碱蓬群落

7.3　滨海潮沟水文连通强度对盐沼湿地植被再生的影响及恢复力研究

调查单位：

北京师范大学 *、山东黄河三角洲国家级自然保护区管理局

调查人员：

骆梦 *、张希涛、付守强、盖勇、张学志、王学民、牛汝强、许加美、王立冬、冯光海

研究时间：

2015 年 11 月

研究地点：

在山东黄河三角洲地区选取典型潮沟系统即人工河东西两岸作为样区。人工河东侧为自然盐沼区，西岸附近有养殖、油田等围填海类型。潮沟两侧均有柽柳—盐地碱蓬植被类型。在上述样区内，主潮沟两侧即自然区和围填区内，分别由陆向海，按照潮沟不同级别，垂直于潮沟做样线，样点间距分别为 1m、5m、10m、20m、20m、20m。用 GPS 记录航迹，样点如图 7-8 所示。样方为 50cm×50cm。

研究目的：

本研究将立足黄河三角洲盐沼湿地，以提高其生态适应性和恢复力为总目标，探讨滨海潮沟水文连通对植被再生的影响并量化其恢复力。把握国际前沿及热点，具体探讨在围填海活动的背景下，滨海潮沟水文连通和植被受到干扰的主要指标；探讨潮沟水文连通对种子迁移扩散的方向、范围及距离造成的影响；探讨由潮沟水文连通引起的斑块水、土等环境要素的变化对植被分布与种子萌发的影响；构建潮沟水文连通强度指数，利用水文连通阈值的思想，以种子库为重要指标，量化恢复力。

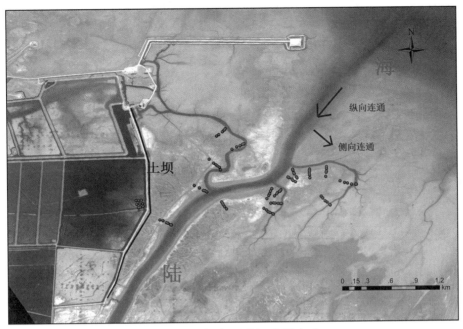

图 7-8　实验区域与采样布点

项目的主要内容与成果：

（1）潮沟水文连通变化对盐沼湿地植被分布及种子库的影响

通过对比潮沟两侧、围填区域和自然区域的植被分布及表层种子库情况，重点研究土地利用类型改变与人工构筑物的建设对潮沟地表径流的隔挡、消减影响。当水文连通的完整性受到破坏，斑块间的水系通路被阻断，以此水系为媒介传播迁移的种子通道也被截断。观测基于潮沟的侧向水文连通情况，重点研究种子的扩散与植被的分布情况。生态斑块间种子的扩散很大程度上依赖于水文连通体系。如植物种子的迁移分为水媒介传播、风媒介传播和动物携带。在滨海湿地中，水媒介传播更加普遍，而且在潮汐的作用下植物种子会出现二次分布，种子的传播方向、传播距离及扩散范围都取决于湿地的水文特征。

（2）潮沟精细格局下的水文连通强度研究

潮沟水文连通强度用潮水携种子通量来表征，通过野外模拟实验控制在不同潮汐模式下，计算种子捕捉器收集到的种子保有量。潮沟水文连通主要包括纵向水文连通与侧向水文连通。纵向水文连通主要受高程及不同潮沟断面形态的影响，包括不同潮滩、潮沟级别、潮沟宽、深、曲率等；侧向水文连通主要是在同一潮沟断面下，距潮沟不同距离下的水文连通强度。通过比较不同潮沟格局下的水文连通强度，建立潮沟形态及高程与水文连通强度的关系（图 7-9）。

（3）潮沟水文连通强度对盐沼湿地植被再生的影响

考虑水文连通强度直接关系到连通群落中种子的输出量和保有量；另外连通斑块与水文条件相关的水、土环境要素，如土壤含水率、盐度及沉积速率等会受到水文连通强度的影响，同时这些因素也是植物生境的指标，也会影响种子的萌发活性，需要分析水文连通通过对生境条件的改变而对植被再生（种子通量、萌发活性）造成的影响（图 7-10）。

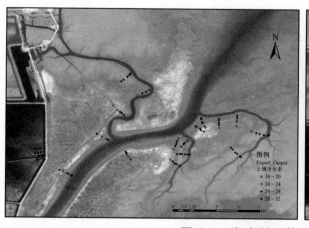

图 7-9　潮沟精细格局下的水文连通强度

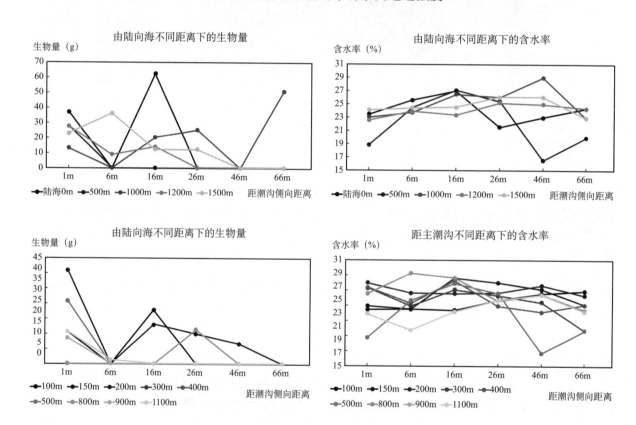

图 7-10　不同水文连通位置的生物量与含水率的变化情况

（4）恢复力的量化

　　研究中恢复力是指受损盐沼湿地中植被再生的潜力，通过种子库这一关键指标，模拟连通斑块中种子的保有量与迁出量和萌发活性对水文连通强度的响应关系，找到其关键阈值。

对湿地保护与管理的启示：

　　滨海潮沟水文连通强度对盐沼湿地植被再生的影响机理研究，对黄河三角洲受损盐沼湿地的恢复起到指导作用，同时针对滨海潮沟水文连通方式，提出恰当有效的盐沼湿地修复方案以提高盐沼湿地抵御干扰和自我恢复能力，具有重要的科学研究价值和对黄河三角洲自然保护区管理的实践指导意义。

7.4 黄河三角洲植物演替机理试验

调查单位：
北京师范大学 *、山东黄河三角洲国家级自然保护区管理局
调查人员：
齐曼 *、毕正刚、付守强、盖勇、许加美、牛汝强、王学民、冯光海、杨宇鹏、张洪山
研究时间：
2015 年 4~5 月，10~11 月
研究地点：
黄河浮桥北
研究目的：
研究黄河三角洲潮间带地区水盐分布，以及黄河三角洲植物分布机理。
研究方法：
2014 年 5 月分别就近选取芦苇、柽柳、盐地碱蓬、互花米草分布较多的地区采集植物幼苗（芦苇采集根种植，柽柳采集 2~3 年生幼苗，去掉茎叶，让其重新发芽）。将植物幼苗按图 7-11（彩图见文后彩插）所示的分布分别栽入每个网格中（网格尺寸为 0.1m×0.1m），以上 4 组处理完毕后，另取相邻的 2 个试验区，一个试验区为自然植被，另一个试验区为裸地，定期清理裸地区植被。移植后的第一周用淡水浇灌以减小移植的不适性，在 1 周驯化期内死亡的植株将由其他植株补齐。自

图 7-11　移栽后的植物幼苗（4 月中旬摄）

然植被组试验区内植被为自然生长的植被；裸地区内无植被生长。每月记录一次每个网格对应植物的株高、健康情况，并定期清除空白对照组的植被。试验持续5个月时间（5～10月），10月收获地上、地下部分，测量株高、根长、叶片数、叶面积、地上地下干重。每月测量一次网格中植物株高，并采集一次退潮时的土壤样品，监测土壤盐度、含水率（图7-12，彩图见文后彩插）。

图7-12　收获时的植物长势（10月下旬摄）

主要内容与成果：

综合室内控制试验和野外移植试验两种方法，明确了水盐交互作用对盐沼湿地植物的胁迫规则，在野外移植试验中考虑种间关系和土壤的反馈过程，结合室内控制试验的结果，进一步明确决定植被种群关系的各个过程之间的相互作用关系。进而探究植物的竞争策略和混沌效应在植被演替中的作用机理。

建立了基于生态过程的盐沼湿地植被演替动力学模型（Stress-Competition-Feedback process based Stress-Gradient-Model, SCF-SGM），考虑环境胁迫、物种竞争和土壤反馈等生态过程，在处理多物种竞争胁迫关系时引入相对耐受性曲线，实现了基于通用规则下，沿环境胁迫梯度方向上群落演替过程的动态模拟。

对湿地保护与管理的启示：

研究发现黄河口植被分布受盐度和淹水条件影响显著，自然水文条件的维持对潮间带植物的正常演替尤为重要。同时，由于黄河口滨海湿地地下水位较浅、土壤蒸发量较大、没有植被覆盖的条件极易引起土壤盐渍化，所以对于湿地植被的保护和管理要做到不减少植被覆盖度，防止引起盐渍化不适宜植物的再次定居。

另外，互花米草作为入侵物种，具有很强的适应性，实验发现其喜淹水、淡水环境，但是对盐度和淹水的耐受性都较广，入侵性较强。研究发现在自然条件下，盐地碱蓬和芦苇均不能竞争过互花米草，但是互花米草耐盐性不如柽柳，所以在自然的盐度分布条件下，互花米草很难向陆地方向上入侵。但是野外观察也发现，随着潮沟向陆地方向上不断深入，潮水会带着互花米草的种子越过盐度峰值区，直接入侵到盐度较低的区域，所以黄河口防止互花米草入侵的相应措施重点应放在潮沟分布地区。相应的防治措施可以参考长江口崇明东滩的防治措施。

7.5 潮沟网络调控滨海湿地食物网分布格局

调查单位：

北京师范大学 *、山东黄河三角洲国家级自然保护区管理局

调查人员：

闫家国 *、付守强、盖勇、王立冬、冯光海、程海军、张学志、王学民、牛汝强、许加美

研究时间：

2014 年 9 月至 2015 年 10 月

研究背景：

在全球气候变化下，滨海湿地的高强度与高频次人类活动已经显著地破坏了滨海湿地水系网络，而水系网络的变化直接导致滨海湿地生态系统服务功能的剧烈变化。在某种层面上，水系网络的变化对某一栖息地类型或者某一生物物种群落结构具有积极的正向效应。但是，从整个滨海湿地生态系统层面而言，生态系统的稳定性与生态系统内的复杂生物网络以及非生物网络息息相关。

研究地点：

本研究主要在黄河三角洲自然保护区完成，包括了黄河三角洲滨海湿地重要生态系统现场调查，以及现场实验模拟实验。其中，调查区域主要涵盖黄河三角洲自然保护区域，以及非自然保护区区域；现场模拟实验主要集中在黄河口管理站的人工河区域以及黄河北岸的渔港区域。

主要结果：

研究发现，通过定量不同水文连通强度，食物网各生物之间相互作用强度发生了明显变化，这种强度的变化导致了各生物种群结构的变化（图 7-13）。

研究发现，通过在不同潮沟级别下的受控实验，发现不同的水文连通梯度下，人为输入有机质，最终有机质含量在各个水文梯度下沉积物中有机质含量增高不同（图 7-14）。而且，食物网各生物之间相互作用强度发生了明显变化，这种强度的变化导致了各生物种群结构的变化（图 7-15）。

本文通过野外调查以及现场模拟实验（图 7-16，彩图见文后彩插），探索滨海湿地潮沟网络连接下的水文连通梯度，并揭示水文连通修复生物分布格局的重要机制。以期通过调查自然水文梯度变化导致的栖息地理化性质变化及其生物群落结构特征响应，结合现场管理实验，定量分析水文连通对滨海湿地生物栖息地的影响，进而揭示水文连通梯度下的对食物网营养结构以及各营养级间的

作用强度响应，判识水文连通梯度下捕食者的下行效应的营养级联作用强度以及结果，并通过管理有机质输入深度揭示外源性物质输入对某一生物群落结构的影响，以及在食物网层面的响应机制。

对保护区的管理启示：

结果证明水文连通网络的构建、再调节能够改变滨海湿地食物网的营养结构以及各个营养级之间的作用强度，而且管理者可以通过改善潮沟水位、流速、潮沟弯曲率以及通过改善坡降等来改善和调控整体水文网络，进而实现基于水文连通调控滨海湿地有机碎屑输入修复产卵场，以及关键生态系食物网营养级结构和各营养级作用强度调节，达到修复某一物种，以及平衡滨海湿地生态系统食物网各营养级营养结构及各营养结构之间的作用强度。

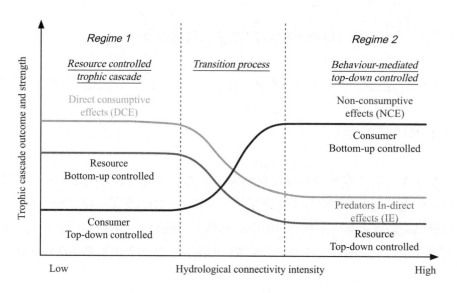

图 7-13　水文连通调节食物网营养级联作用机制

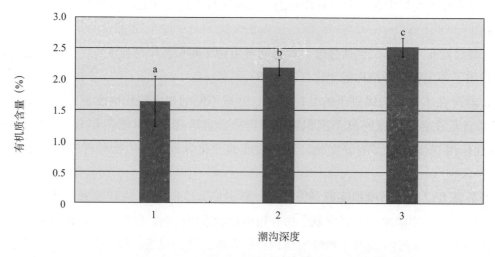

图 7-14　不同潮沟等级下沉积物中有机质含量

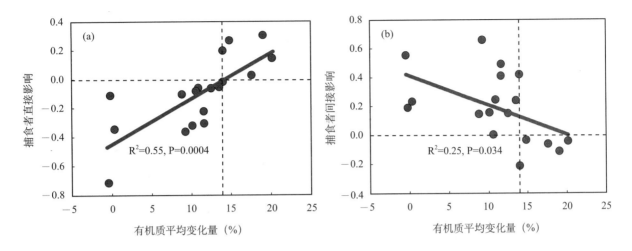

图 7-15　有机质变化量与营养级联强度之间的关系

图 7-16　左图为渔港区域现场模拟实验，右图为人工河区域现场模拟实验

7.6　退化盐沼湿地修复实验

调查单位：

北京师范大学 *、山东黄河三角洲国家级自然保护区管理局

调查人员：

王青 *、牛汝强、朱书玉、张树岩、毕正刚、付守强、盖勇、张学志、王学民、牛汝强、许加

美、赵亚杰

研究时间：

2015 年 5 月、6 月

研究地点：

黄河口自然保护区北岸

研究方法：

选择废弃堤坝附近的退化湿地进行研究，并与自然退化的湿地进行对比。其中，Y1 是废弃堤坝区，由于堤坝人为引入了潮沟，该区潮水作用强度最大；H1 是距离堤坝稍远一点的退化区，潮水作用强度为中等水平；H2 是自然退化区，潮水作用强度最低（图 7-17，彩图见文后彩插）。

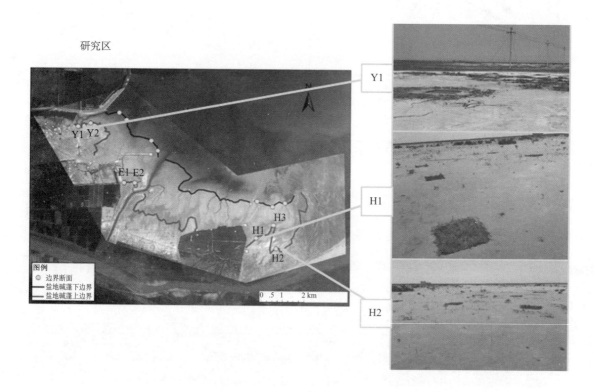

图 7-17　研究区位置示意

主要结果：

在黄河口自然保护区北岸不同的植被退化地区设置不同的微地形条件，即不同大小和不同深度的洼地。这些退化地带都位于中、高潮滩，受到潮水的影响强度不同。这些洼地都具有使得盐地碱蓬再定植的效果，但是不同潮水作用强度区定植的效果不同（图 7-18，彩图见文后彩插）。

研究发现，洼地设置对于盐地碱蓬再定植具有良好的效果。洼地首先能够汇聚种子，其次能够降低盐度和水分胁迫，对于潮汐波浪的减缓也具有一定作用（图 7-19）。在不同的潮水作用强度区，这些洼地的效果具有差异，表现为中等潮水作用下定植效果最好（图 7-20）。

对湿地保护与管理的启示：

黄河口自然保护区内有一些植被退化斑块。其中一些位于保护区内的土堤附近，属于受堤坝扰动影响引起的裸露；另一些离土堤较远，属于自然退化。虽然引起盐沼湿地盐地碱蓬退化的外在原因不同，但是影响它们的内在机制却是一致的，即潮汐作用。潮水对于湿地植物来说，是一种胁

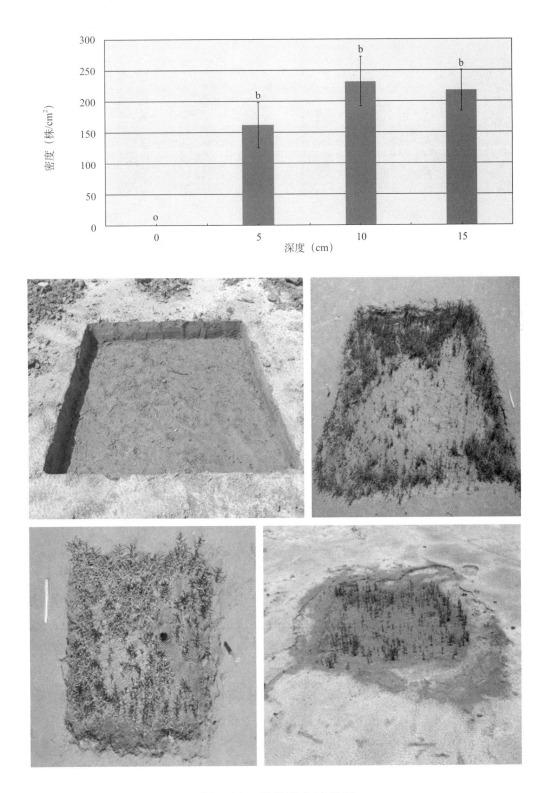

图 7-18　微地形定植效果

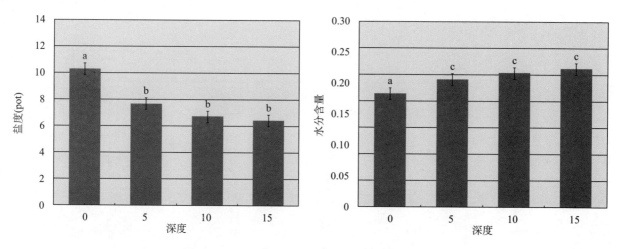

图 7-19　微地形对环境胁迫的减缓效应

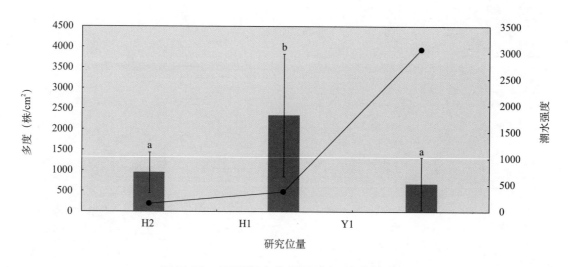

图 7-20　不同潮水作用强度下的定植效果

迫，也是造成盐地碱蓬在低潮滩无法生存的原因。另一方面，潮水是盐地碱蓬种子传播的媒介，也是营养物质的载体。特别是对于无植被地区来说，如果地上没有植被，就没有种子来源，只能通过潮水把种子携带到此处。因而对于无植被地区来说，潮水能否到达对其植被能否恢复是至关重要的。综合潮水这两个方面的考虑，潮水既不是越大越好，也不是越小越好，而是处在中等水平最好。因此，在修复时，应尽量将该地的潮水作用强度控制在中等水平，这样既满足种子输入条件，又不至于使得潮水胁迫过大。而对于不是中等潮水作用强度的地区来说，可以通过改变一些微地形条件来达到修复目的。通过设置一些洼地，即可以达到种子汇聚的效果，又能在一定程度上减缓潮水胁迫，从而使盐地碱蓬重新定植（图 7-21，彩图见文后彩插）。

图 7-21 实验现场照片

图 2-23　在玉米地觅食的一只大鸨

图 2-26　一千二管理站湿地恢复区内的鸟类

图 2-27　两只黑鹳　　　　　　　　图 2-28　觅食的丹顶鹤

图 2-29　盐地碱蓬恢复区

图 2-30　刁口渔港栖息的鸥类

图 2-31　潮河口的鸟类

图 2-32　套儿河口觅食的鸟类

98

图 2-33　大米草

图 2-34　白刺

图 2-35　弥河附近海岸的小天鹅与针尾鸭

图 2-39　湿地恢复区内栖息的白鹤、灰雁

图 2-40　白鹤、白头鹤

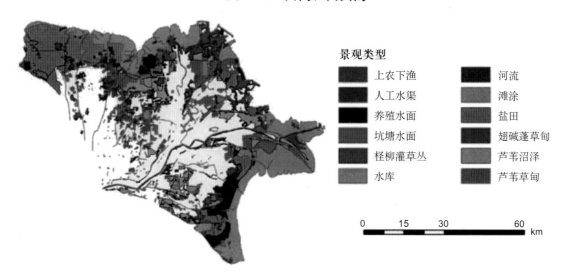

图 2-43　黄河三角洲湿地类型图（宗秀影，2009）

图 2-46 黑嘴鸥调查

图 4-19 黄河口潮汐湿地气象观测系统

图 5-3 湿地恢复区取样

图 6-1　底栖动物多样性分布

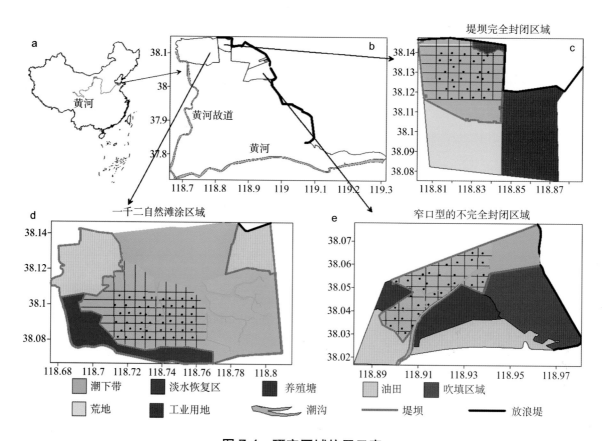

图 7-4　研究区域位置示意

图 7-5 种子库的采样与人工气候室的种子库萌发实验

图 7-7 由左向右依次为盐地碱蓬退化区域，自然滩涂上盐地碱蓬群落与
堤坝围隔区良好的盐地碱蓬群落

图 7-11 移栽后的植物幼苗（4月中旬摄）　　图 7-12 收获时的植物长势（10月下旬摄）

图 7-16 左图为渔港区域现场模拟实验，右图为人工河区域现场模拟实验

研究区

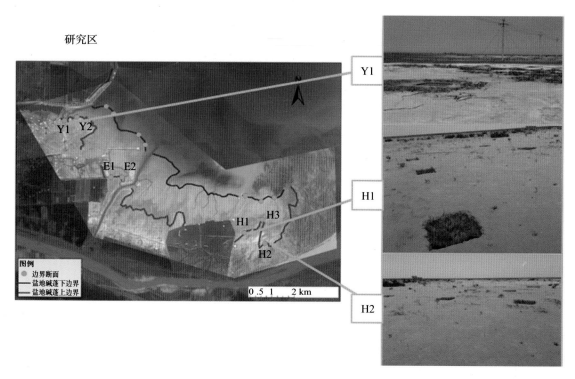

图 7-17　研究区位置示意

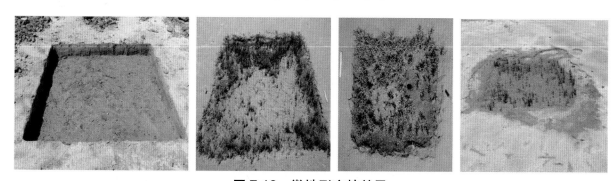

图 7-18　微地形定植效果

图 7-21　实验现场照片